土木・環境系コアテキストシリーズ A-1

土木・環境系の力学

斉木 功

著

コロナ社

土木・環境系コアテキストシリーズ 編集委員会

編集委員長

Ph.D. 日下部 治 (東京工業大学)

〔C：地盤工学分野 担当〕

編集委員

工学博士 依田 照彦 (早稲田大学)

〔B：土木材料・構造工学分野 担当〕

工学博士 道奥 康治 (神戸大学)

〔D：水工・水理学分野 担当〕

工学博士 小林 潔司 (京都大学)

〔E：土木計画学・交通工学分野 担当〕

工学博士 山本 和夫 (東京大学)

〔F：環境システム分野 担当〕

2011年3月現在

刊行のことば

このたび,新たに土木・環境系の教科書シリーズを刊行することになった。シリーズ名称は,必要不可欠な内容を含む標準的な大学の教科書作りを目指すとの編集方針を表現する意図で「土木・環境系コアテキストシリーズ」とした。本シリーズの読者対象は,我が国の大学の学部生レベルを想定しているが,高等専門学校における土木・環境系の専門教育にも使用していただけるものとなっている。

本シリーズは,日本技術者教育認定機構(JABEE)の土木・環境系の認定基準を参考にして以下の6分野で構成され,学部教育カリキュラムを構成している科目をほぼ網羅できるように全29巻の刊行を予定している。

　　　A分野:共通・基礎科目分野
　　　B分野:土木材料・構造工学分野
　　　C分野:地盤工学分野
　　　D分野:水工・水理学分野
　　　E分野:土木計画学・交通工学分野
　　　F分野:環境システム分野

なお,今後,土木・環境分野の技術や教育体系の変化に伴うご要望などに応えて書目を追加する場合もある。

また,各教科書の構成内容および分量は,JABEE認定基準に沿って半期2単位,15週間の90分授業を想定し,自己学習支援のための演習問題も各章に配置している。

従来の土木系教科書シリーズの教科書構成と比較すると,本シリーズは,A

分野（共通・基礎科目分野）にJABEE認定基準にある技術者倫理や国際人英語等を加えて共通・基礎科目分野を充実させ，B分野（土木材料・構造工学分野），C分野（地盤工学分野），D分野（水工・水理学分野）の主要力学3分野の最近の学問的進展を反映させるとともに，地球環境時代に対応するためE分野（土木計画学・交通工学分野）およびF分野（環境システム分野）においては，社会システムも含めたシステム関連の新分野を大幅に充実させているのが特徴である．

科学技術分野の学問内容は，時代とともにつねに深化と拡大を遂げる．その深化と拡大する内容を，社会的要請を反映しつつ高等教育機関において一定期間内で効率的に教授するには，周期的に教育項目の取捨選択と教育順序の再構成，教育手法の改革が必要となり，それを可能とする良い教科書作りが必要となる．とは言え，教科書内容が短期間で変更を繰り返すことも教育現場を混乱させ望ましくはない．そこで本シリーズでは，各巻の基本となる内容はしっかりと押さえたうえで，将来的な方向性も見据えた執筆・編集方針とし，時流にあわせた発行を継続するため，教育・研究の第一線で現在活躍している新進気鋭の比較的若い先生方を執筆者としておもに選び，執筆をお願いしている．

「土木・環境系コアテキストシリーズ」が，多くの土木・環境系の学科で採用され，将来の社会基盤整備や環境にかかわる有為な人材育成に貢献できることを編集者一同願っている．

2011年2月

編集委員長　日下部　治

まえがき

　本書は，土木・環境系で土木工学を学ぼうとしている学部学生を読者として想定した，力学の教科書である．力学といっても内容は多岐にわたるが，ここでは，学部1年生が半期で学習する物理学における力学の範囲を対象とした．土木工学を専門とする技術者において習得が必須と思われる構造力学では，力を受ける構造物の応答，とりわけ構造物を構成する部材に生じる力を，力のつり合いや変形を考えることによって求める．本書では，そのような専門的な力学を学ぶにあたって，準備しておくべき力学の基礎・エッセンスを，著者の能力の限り理解しやすいように整理した．

　著者自身は，執筆時，在籍する東北大学で学部1年生の力学の講義を担当しているわけではなく，むしろ，土木工学の専門課程の入口にある2年生向けの空間創造の力学あるいは構造解析学と称する構造力学に関する講義を担当している．したがって，そのような立場から，構造力学を学ぶにあたって習得しておいてほしい内容を本書に含めた．構造力学ではおもに静力学を取り扱うため，そのための基礎としては，本書の1章，2章の一部，6章が対応する．1章では力学の最も基礎となる，力のつり合いと力のベクトルとしての表現について，2章では，変位などの運動の状態を表す方法と運動の法則について述べた．6章では，剛体の力のつり合いとモーメントについて述べた．また，地震応答解析を含む構造物の振動解析においては，動力学が必要となる．この基礎には，2章から5章が対応する．3章では運動を観測する観測者について，4章では仕事とエネルギーについて，5章では運動量とその保存則について，それぞれ述べた．一方で，一般教養の力学の内容として剛体の動力学も必要と考え，これを

まえがき

7章および8章で説明した。7章では角運動量とその保存則について，8章では剛体の並進運動と回転運動について述べた。

　力学の教科書は数多く存在し，かつ名著といわれる書籍（例えば参考文献 1),2)）もある中で，今回改めて自分が書くということについてつねに自問自答しつつ，時には楽しく時には苦しみながら本書を執筆した。また，現在担当している講義の講義ノートをもとにしたわけでもないので，新しい講義を担当することになったつもりで，受講者の反応をあれこれ想定しながら書いた。力学に登場する法則や公式を効率良く頭に入れることよりむしろ，説明不可能な基本法則以外は読者自身が基本法則から導けるようになること，そして，その誘導の過程から力学の考え方を体得できることを目標とし，それが本書の特徴となるように考えた。したがって，他の力学の教科書よりもかなり回りくどい記述になっている箇所が多々あると思う。また，本文に置くことをあきらめた，いくつかのさらに回りくどい説明は，演習問題や解答の中に含めた（例えば〔1.3〕や〔4.5〕など）。問題の解き方を単に身につけるだけでなく，考えさせる問題や証明問題などを通じて，視点を広げ，センスを身につけてほしいと考えている。したがって，演習問題もすべて目を通してほしい。

　最後に，編集委員の早稲田大学教授 依田照彦先生，本書執筆の機会を与えてくださった中央大学教授 樫山和男先生，そしてコロナ社には，本書執筆に関してたいへんお世話になりました。ここに深く感謝いたします。

2012年7月

斉木　功

目次

1章 力のつり合いとベクトル

- 1.1 質点の力のつり合い　*2*
  - 1.1.1 力のつり合い　*2*
  - 1.1.2 力とベクトル　*7*
- 1.2 ベクトルの合成と分解　*9*
  - 1.2.1 ベクトルの合成　*9*
  - 1.2.2 ベクトルの分解　*10*
- 1.3 ベクトルと座標系　*11*
  - 1.3.1 ベクトルの成分と大きさ　*11*
  - 1.3.2 座標変換　*14*
- 演習問題　*16*

2章 質点の運動と，運動の法則

- 2.1 運動の表現とベクトル　*19*
  - 2.1.1 運動の表現　*19*
  - 2.1.2 位置ベクトル・変位ベクトル・速度ベクトル・加速度ベクトル　*22*
- 2.2 運動の法則　*25*
  - 2.2.1 慣性の法則　*25*
  - 2.2.2 運動方程式　*25*
  - 2.2.3 作用・反作用の法則　*27*

2.3　質点の運動　28
　　　　　2.3.1　質点の運動　28
　　　　　2.3.2　質点系の運動　36
　　演習問題　42

3章　観測者と慣性力

　　　3.1　慣性系　44
　　　　　3.1.1　静止した質点の運動方程式　44
　　　　　3.1.2　等速直線運動する質点の運動方程式　46
　　　　　3.1.3　二つの慣性系から見た質点の運動方程式　47
　　　3.2　加速する観測者から見た運動　50
　　　3.3　回転する観測者から見た運動　52
　　演習問題　60

4章　仕事とエネルギー

　　　4.1　仕事　62
　　　　　4.1.1　1次元問題における仕事　62
　　　　　4.1.2　2次元もしくは3次元問題における仕事　63
　　　4.2　エネルギー　64
　　　　　4.2.1　運動エネルギー　64
　　　　　4.2.2　ポテンシャル　68
　　　4.3　エネルギー保存則　75
　　　　　4.3.1　エネルギー保存則　75
　　　　　4.3.2　エネルギー保存則と運動方程式　77
　　　　　4.3.3　エネルギー保存則による振り子の解析　78
　　演習問題　80

5章　運動量と運動量保存則

　　　5.1　運動量と力積　83
　　　　　5.1.1　運動量　83

5.1.2　力　　　積　　84
　　　5.1.3　力と力積と仕事　　86
　5.2　運動量保存則と運動方程式　　93
　　　5.2.1　運動量保存則　　93
　　　5.2.2　運動量保存則と運動方程式の関係　　96
　演　習　問　題　　97

6章　剛体の力のつり合い

　6.1　2次元の剛体のつり合い　　100
　　　6.1.1　剛　　体　　100
　　　6.1.2　力の作用点と作用線　　100
　　　6.1.3　力のつり合い　　101
　　　6.1.4　力のモーメント　　102
　　　6.1.5　力のモーメントと外積　　105
　　　6.1.6　モーメントのつり合い　　107
　　　6.1.7　剛体に作用する力の合力　　110
　　　6.1.8　偶　　　　力　　114
　6.2　3次元の剛体のつり合い　　116
　　　6.2.1　力のつり合い　　116
　　　6.2.2　モーメントとベクトル　　116
　　　6.2.3　モーメントのつり合い　　118
　6.3　安定と不安定　　119
　演　習　問　題　　120

7章　角運動量と角運動量保存則

　7.1　角運動量と力積のモーメント　　123
　　　7.1.1　角　運　動　量　　123
　　　7.1.2　力積のモーメント　　124
　　　7.1.3　角運動量の例　　125

7.2 角運動量保存則と回転の運動方程式　*128*

　　7.2.1　角運動量保存則　*128*

　　7.2.2　角運動量保存則と回転の運動方程式の関係　*130*

　　7.2.3　角運動量保存則の例　*131*

演 習 問 題　*135*

8章　剛体の運動

8.1　剛体の並進運動　*138*

8.2　剛体の平面内の回転運動　*142*

　　8.2.1　剛体の角運動量　*142*

　　8.2.2　力が作用していない剛体の回転運動　*143*

　　8.2.3　偶力のみ働く剛体の回転運動　*145*

　　8.2.4　剛体の回転運動　*146*

　　8.2.5　剛体の運動エネルギー　*147*

　　8.2.6　力のモーメントのなす仕事　*150*

　　8.2.7　慣性モーメント　*151*

8.3　剛体の回転運動　*152*

　　8.3.1　剛体の角運動量と慣性モーメントテンソル　*152*

　　8.3.2　剛体の回転の運動方程式　*158*

　　8.3.3　剛体の運動エネルギー　*161*

　　8.3.4　慣性モーメントテンソル　*163*

　　8.3.5　歳 差 運 動　*167*

演 習 問 題　*171*

引用・参考文献　*172*

演習問題解答　*173*

索　　　引　*196*

1章 力のつり合いとベクトル

◆本章のテーマ

本章では，1点に作用する力のつり合いについて，および，力がベクトルであることについて学ぶ。力がつり合っているということは，質点に作用する力の総和がゼロになっていることであり，それは簡単な数式で表すことができる。力はベクトルとして表現できるため，それらの合成や分解，あるいは和や差は代数和として表すことが可能である。このために，多次元空間における力学問題を簡潔に記述することができる。

◆本章の構成（キーワード）

1.1 質点の力のつり合い
　　　質点，力，つり合い，力ベクトル
1.2 ベクトルの合成と分解
　　　ベクトルの合成，ベクトルの分解，力の平行四辺形
1.3 ベクトルと座標系
　　　ベクトルの成分，座標系，基底ベクトル，座標変換

◆本章を学ぶと以下の内容をマスターできます

- ☞ 力のベクトルとしての表現
- ☞ 質点に作用する力のつり合い
- ☞ 力のつり合いをベクトルを用いた数式で記述する
- ☞ 複数のベクトルを一つに合成する
- ☞ 一つのベクトルを任意の数のベクトルに分解する
- ☞ ベクトルそのものとベクトルの成分の違い
- ☞ ベクトルの成分と，座標系と基底ベクトルの関係

1.1 質点の力のつり合い

質点（mass point もしくは particle）とは，質量はあるが大きさのない物体のことである。もちろん，現実の世界には大きさのない物体など存在しないが，力学においては，物体の運動を考える上で，「大きさがない」という特徴にはたいへん都合が良いことがある。

1.1.1 力のつり合い

ある静止した物体を動かすにはどうしたらよいだろうか。当然のことであるが，なんらかの力を加える必要がある。逆にいえば，力が作用していない物体は，静止し続ける[†1]。例えば道端に落ちている石ころは，蹴飛ばしたりして力を加えない限り，動かずに静止している。では，石ころに力は作用していないのであろうか。答えは No である。地球上の物体には万有引力の法則から，地球との間の引力，すなわち重力が働いている。ではなぜ静止しているのかといえば，石ころは地面からも**垂直抗力**（normal force もしくは normal reaction）[†2]という力を受けていて，それが重力と「つり合って」おり，結果的に力が作用していない状況と同じだからである。つまり，「力が作用していない物体は静止し続ける」は「作用している力がつり合っている物体は静止し続ける」と理解してもよいことになる。

いま，簡単のために，力が鉛直方向にのみ作用する状況を考えてみよう。重力を f_g，垂直抗力を f_r と表すことにすると，力がつり合っているということは

$$f_g + f_r = 0 \tag{1.1}$$

が成立するということであり，この式は**つり合い式**（equilibrium equation）といわれる。上式は，石ころに作用している力の合計がゼロという意味である。

[†1] あとで説明する運動の法則から，力が作用していない物体の加速度はゼロということになり，必ずしも静止しているとは限らない。ここでは，話を簡単にするために，もともと静止している物体に話を限定している。

[†2] この力は，石ころに作用する重力が地面を押す力に対して，地面が石ころを押し返す力である。reaction は**反力**と呼ばれ，したがって，垂直抗力は**垂直反力**とも呼ばれる。

石ころの質量 m と重力加速度 g がわかっており，すなわち，石ころに作用する重力が $f_\mathrm{g} = mg$ であるとわかっているとすると，つり合い式 (1.1) から，$f_\mathrm{r} = -f_\mathrm{g} = -mg$ がわかる。このように，力学において，つり合い式は物体に作用する力を明らかにする最も重要な関係の一つである。

さて，石ころを質点に読み替え，また，作用する力も二つとは限らないので，n 個の力 $f_1, f_2, \cdots, f_n$ が作用している場合を考えよう。この場合，つり合い式は

$$f_1 + f_2 + \cdots + f_n = 0 \quad \text{あるいは} \quad \sum_{i=1}^{n} f_i = 0 \tag{1.2}$$

と表される。

なお，力を f のような数学記号で表してしまうと，無機質な印象を受けるが，力はあくまでも力という物理的な次元を持っていることを忘れないようにしよう。また，力の次元を物理における基本的な次元である［質量］，［長さ］，［時間］で表現すると

$$(\text{力}) = \frac{[\text{質量}] \cdot [\text{長さ}]}{[\text{時間}]^2}$$

である。また，基本的な次元である質量，長さ，時間は，**国際単位系** (international system of units, SI) ではそれぞれ［kg］(キログラム)，［m］(メートル)，［s］(秒) を使うことになっているので，力の単位はそれらを用いた組立単位で［kg·m/s²］となる。また，常用される組立単位については，固有の名称と記号も定められており，力の単位には［N］(ニュートン) を用いることもできる。

〔1〕 **ばねで固定された質点** 図 1.1 (a) に示すばねに固定された質点の力のつり合いを考えてみよう。質点の質量を m とし，下向きの重力加速度 g が作用しているとする。ばね定数を k とし，ばねが自然長（ばねに力が生じていないときの長さ）のときの質点の位置を原点とし，ばねが伸びる方向を正として質点の位置を y とする。ばねに生じる力 f_s は，**フックの法則** (Hooke's law) により，ばね定数 k とばねの伸び δ を用いて

$$f_\mathrm{s} = k\delta \tag{1.3}$$

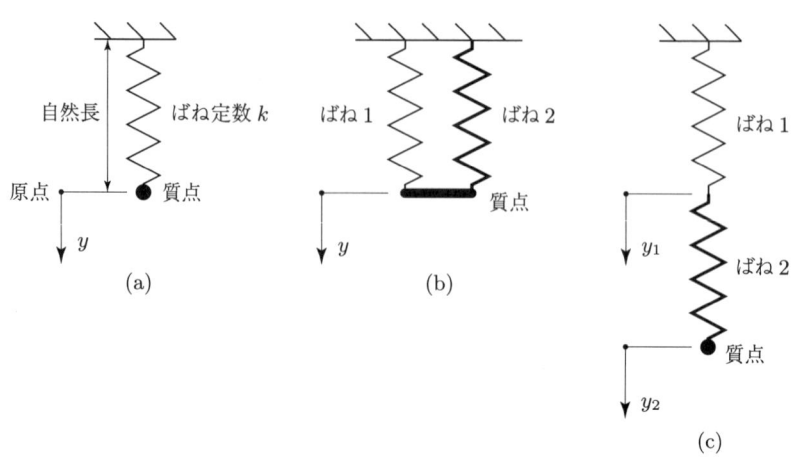

図 1.1 ばねに固定された質点

と表される。ここで，f_s をばねに「作用する力」ではなく，ばねに「生じる力」と書いたのは，f_s が外から作用する力ではなく，ばねの内部に生じる力[†]を意味するからである。例えば，$\delta > 0$，すなわちばねが伸びた状態では，ばねの両端は $f_s\,(>0)$ の力でたがいに引き寄せられる。f_s が正となるこの状態を，ばねに引張の力が生じているという。逆に，$\delta < 0$，すなわちばねが縮んだ状態では，ばねの両端はたがいに離される。このとき f_s は負であり，この状態をばねに圧縮の力が生じているという。

いま，ばねの上端は図 1.1 (a) のように固定されているので，ばねの伸び δ は質点の位置 y そのものになる。したがって，ばねに生じる力 f_s は

$$f_s = ky \tag{1.4}$$

である。ばねに生じる力が引張のとき質点はばねにより上向きに引っ張られること，および，質点は下向きの重力 mg を受けることを考慮すると，質点に作用する力がつり合う条件は，質点に作用する力を下向きを正とすると，その総和がゼロであることから

$$-f_s + mg = 0 \quad \Rightarrow \quad -ky + mg = 0 \tag{1.5}$$

[†] f_s は次章で説明する内力である。

となる．つり合い式に含まれる k, y, m, g の四つの物理量のうち三つがわかっていれば，つり合い式により他の一つを求めることができる．例えば，用いる材料のことがわかっているとき，すなわち k, m, g が既知のときに，質点の位置 y を予測する必要があれば，つり合い式 (1.5) より

$$y = \frac{mg}{k} \tag{1.6}$$

として y を求めることができる．あるいは，質点の質量 m および重力加速度 g がわかっており，実験によって質点の位置 y を計測することができれば，ばね定数 k を

$$k = \frac{mg}{y} \tag{1.7}$$

として求めることができる．設計という観点からすると，「質点の位置 y はある値 y_0 以下」という条件からばね定数を決めなくてはならない場合があるが，このようなときは，式 (1.6) より

$$y = \frac{mg}{k} \leq y_0 \quad \Rightarrow \quad k \geq \frac{mg}{y_0} \tag{1.8}$$

となり，これより条件を満たすばね定数 k を決定することができる．

〔2〕**二つのばねで固定された質点**　図 1.1 (b) に示す，自然長が等しい二つのばねに固定された質点の力のつり合いを考えてみよう．二つのばねが固定されていることを示すため，図では質点を横長に描いているが，実際は質点に大きさはなく，傾くこともない．したがって，二つのばねの伸び δ_1 および δ_2 は等しく，かつ先の例と同じで，質点の位置 y そのものになる．ばね 1, 2 のばね定数をそれぞれ k_1, k_2 とし，ばね 1, 2 に生じる力をそれぞれ f_{s1}, f_{s2} とすると

$$f_{s1} = k_1 \delta_1 = k_1 y, \quad f_{s2} = k_2 \delta_2 = k_2 y \tag{1.9}$$

であり，下向きの力を正[†]とした質点のつり合い式は

$$-f_{s1} - f_{s2} + mg = 0 \quad \Rightarrow \quad -k_1 y - k_2 y + mg = 0 \tag{1.10}$$

[†] 通常，力と位置の座標は，同じ向きを正にとる．これは，4 章で説明する「仕事」が正となるために必要な約束事である．

となる。先ほどの例と同様に，m, g, k_1, k_2 が既知であれば，上式より未知数 y を求めることができる。上式はさらに

$$-(k_1 + k_2)y + mg = 0 \tag{1.11}$$

と表すこともでき，一つのばねにより固定された質点のつり合い式 (1.5) と比較すると，ばね定数が $k_1 + k_2$ の一つのばねに固定された質点のつり合い式と形式的に一致する。つまり，図 1.1 (b) の質点は，ばね定数が $k_1 + k_2$ の一つのばねに固定されていると解釈することもできる。ここでの $k_e = k_1 + k_2$ のように，複数のばねを一つのばねに置き換えたときのばね定数のことを，合成ばね定数という。図 1.1 (b) は，ばねが並列に質点につながっていることから並列ばねと呼ばれ，並列ばねの合成ばね定数は，ばね定数の総和となる。

〔3〕**接続された二つのばねで固定された質点**　先の〔2〕では二つのばねに直接接続された質点のつり合いを考えたが，ここでは，図 1.1 (c) に示すように二つのばねが直列に接続され，その先端に固定された質点の力のつり合いを考えてみよう。ばね 1 とばね 2 のばね定数を k_1, k_2 とする。それぞれのばねの伸びを観察するために，ばね 1 とばね 2 の接続点と質点の位置を，それぞればねが自然長にあるときを基準として y_1, y_2 とする。ばね 1 の上端は固定されているので，ばね 1 の伸び δ_1 は y_1 そのものとなり，ばね 1 に生じる力 f_{s1} は $f_{s1} = k\delta_1 = k_1 y_1$ となる。一方，ばね 2 は上端と下端の位置がそれぞれ変化することに注意すると，ばね 2 の伸び δ_2 は $y_2 - y_1$ となることがわかる。したがって，ばね 2 に生じる力 f_{s2} は $f_{s2} = k_2 \delta_2 = k_2(y_2 - y_1)$ である。

ところで，質点に対する力のつり合いを考えると，質点に力を及ぼしているばねは先の例と異なり，ばね 2 だけである。したがって，質点のつり合い式は

$$-f_{s2} + mg = 0 \quad \Rightarrow \quad -k_2(y_2 - y_1) + mg = 0 \tag{1.12}$$

となる。これまでの例と同様に，ばね定数 k_1, k_2 と質量 m および重力加速度 g から，未知数であるばねの位置 y_2 を求めようとすると，二つのばねの接続点の位置 y_1 も未知数なので，質点のつり合い式 (1.12) だけでは y_1 を決定できな

いことに気づくだろう。ここで必要となってくるのが，二つのばねの接続点の力のつり合いである。接続点はばね 1 とばね 2 の両方から力を受けており，それらの力がつり合っていなければならない。したがって，その接続点の力のつり合いを力の向きに注意して表せば

$$-f_{s1} + f_{s2} = 0 \quad \Rightarrow \quad -k_1 y_1 + k_2(y_2 - y_1) + mg = 0 \tag{1.13}$$

となる。上式と質点のつり合い式 (1.12) を連立方程式とすれば，未知数 y_1, y_2 を求めることができ，それぞれ

$$y_1 = \frac{mg}{k_1}, \quad y_2 = \frac{mg}{k_1} + \frac{mg}{k_2} \tag{1.14}$$

となる。図 1.1 (c) のようにばねが直列に接続されている場合は，接続された二つのばねのどちらにも同じ力（この場合は質点の重力 mg）が作用し，それぞれがその力に応じて伸縮することから，質点の位置はばね 1 の伸びとばね 2 の伸びの和となる。

つぎに，図 1.1 (b) のときと同様に，合成ばね定数を求めてみよう。質点の位置を表す式 (1.14) を，単一のばねと質点の系における質点の位置を表した式 (1.6) と比較するために

$$y_2 = mg \left(\frac{1}{k_1} + \frac{1}{k_2} \right) = \frac{mg}{k_e} \tag{1.15}$$

と変形することにより，合成ばね定数 k_e は

$$\frac{1}{k_e} = \frac{1}{k_1} + \frac{1}{k_2} \quad \Rightarrow \quad k_e = \frac{1}{\frac{1}{k_1} + \frac{1}{k_2}} \tag{1.16}$$

となる。つまり，直列に接続されたばねの合成ばね定数の逆数は，二つのばねのばね定数の逆数の和になっている。

1.1.2 力とベクトル

前項では，話を簡単にするために，力は鉛直方向にのみ働くと仮定した。しかしながら，実際は，力はさまざまな方向に作用する。力のように大きさと向き

を持つ量を表すための便利な道具として，ベクトルが用意されている．ベクトルの厳密な定義は線形代数の専門書に譲ることとし，ここでは力のように「大きさ」と「向き」を持つ量をベクトルと考えよう．力をベクトルで表したものを力ベクトル $\boldsymbol{f}$ とし[†1]，たがいに直交する x 軸，y 軸，z 軸方向の $\boldsymbol{f}$ の成分をそれぞれ f_x, f_y, f_z と表すこととする．

では，力の方向を限定しない場合の力のつり合いはどうなるであろうか．いま，x, y, z 軸はたがいに直交しているので，それぞれの方向の力には依存関係はなく，独立である．したがって，各方向における力のつり合いを独立に考えればよい．少々記号が煩雑になるが，ある質点に n 個の力 $\boldsymbol{f}_1, \boldsymbol{f}_2, \cdots, \boldsymbol{f}_n$ が作用しており，それらの x 方向成分が $(f_1)_x, (f_2)_x, \cdots, (f_n)_x$ であり，同様に y 方向成分および z 方向成分がそれぞれ $(f_1)_y, (f_2)_y, \cdots, (f_n)_y$ および $(f_1)_z, (f_2)_z, \cdots, (f_n)_z$ で表されるとする．このとき，質点の x 方向の力のつり合い式は

$$(f_1)_x + (f_2)_x + \cdots + (f_n)_x = 0 \quad \text{あるいは} \quad \sum_{i=1}^{n}(f_i)_x = 0 \qquad (1.17)$$

と表される．同様に，質点の y 方向および z 方向の力のつり合い式は

$$(f_1)_y + (f_2)_y + \cdots + (f_n)_y = 0 \quad \text{あるいは} \quad \sum_{i=1}^{n}(f_i)_y = 0 \qquad (1.18)$$

$$(f_1)_z + (f_2)_z + \cdots + (f_n)_z = 0 \quad \text{あるいは} \quad \sum_{i=1}^{n}(f_i)_z = 0 \qquad (1.19)$$

となる．つり合い式 (1.17), (1.18), (1.19) はそれぞれ x, y, z 方向の成分で表されているため，成分表示のつり合い式と呼ばれる．太字のベクトル表記を用いれば，3 方向のつり合い式をまとめて

$$\boldsymbol{f}_1 + \boldsymbol{f}_2 + \cdots + \boldsymbol{f}_n = \boldsymbol{0} \quad \text{あるいは} \quad \sum_{i=1}^{n}\boldsymbol{f}_i = \boldsymbol{0} \qquad (1.20)$$

と簡潔に表すことができる[†2]．

[†1] 本書において，特に断りがない限り，小文字の太字はベクトルを表す．
[†2] 式の表記の仕方は，力学の内容とは直接的に関係ないが，数式の表記には問題の本質が現れることも少なくない．また，表記を簡潔にすることで，問題を整理し思考を助けることができる．

1.2 ベクトルの合成と分解

1.2.1 ベクトルの合成

前節では，質点に作用する力がつり合っているということは，質点に作用する力の合計がゼロであることを学んだ。これは，複数の力が作用したときに，その結果は複数の力の総和が作用したと考えても同じであると理解できる。また，力はベクトルで表すことができるため，力の和は**ベクトルの合成**（composition of vectors）あるいはベクトルの和として表すことができる。いま，ある質点に二つの力 f_1, f_2 が作用しているとしよう。このとき，質点には二つの力の合計 f_r が一つだけ作用していると考えても結果は同じである。二つの力の合計 f_r は

$$f_r = f_1 + f_2 \tag{1.21}$$

と表され，**合力**（resultant force）と呼ばれる。合力を成分で表すと

$$\left.\begin{array}{l}(f_r)_x = (f_1)_x + (f_2)_x \\ (f_r)_y = (f_1)_y + (f_2)_y \\ (f_r)_z = (f_1)_z + (f_2)_z\end{array}\right\} \tag{1.22}$$

となる。

直感的にわかりやすくするために問題を 2 次元に限定すると，**図 1.2** のように，ベクトルの合成は幾何学的に解釈することができる。図 1.2 によれば，ベクトル f_1, f_2 の合成ベクトルは，ベクトル f_1 の終点をベクトル f_2 の始点とし

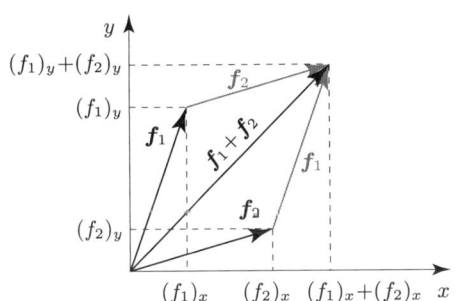

図 1.2 二つのベクトルの合成と力の平行四辺形

たときに，ベクトル f_1 の始点（ここでは x-y 座標系の原点）を始点とし，f_2 の終点を終点とするベクトルとなる。また，ベクトル f_1, f_2 の順番を入れ替えても同じことがいえる。さらに，ベクトル f_1, f_2 の合成ベクトルは，ベクトル f_1, f_2 が隣り合う辺となるような平行四辺形の対角線として得ることもできる。この二つの力ベクトルからなる平行四辺形は，**力の平行四辺形**（parallelogram of forces）と呼ばれる。また，図 1.2 から式 (1.22) が成り立っていることも理解できるだろう。

三つのベクトル f_1, f_2, f_3 の合成ベクトル $f_1 + f_2 + f_3$ についても，二つのベクトル f_1, f_2 の合成ベクトルを計算し，その合成ベクトル $f_1 + f_2$ と三つ目のベクトル f_3 を合成することで得ることができる。2 次元の場合の三つのベクトルの合成を**図 1.3** に図示する。さらに多くのベクトルの合成についても，順次二つのベクトルの合成を求めていくことで得ることができる。

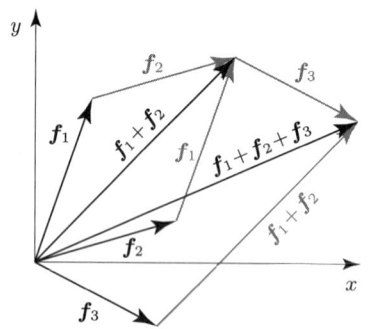

図 1.3　三つのベクトルの合成

1.2.2　ベクトルの分解

前項で複数のベクトルが合成できることを学んだ。では，合成の逆の分解はできるのであろうか。例えば，斜面においてある石ころの運動を考えるときに，運動を斜面方向と斜面垂直方向で考えたいことがある。このとき，石ころに作用する重力はどちらの方向とも異なるので，これを斜面に平行な方向と斜面に垂直な方向に分解できると便利である。

二つのベクトルの合成は，二つのベクトルが隣り合う辺となる平行四辺形の対角線となったので，ベクトルの分解では，もとのベクトルが対角線となるよ

うな平行四辺形を考えればよさそうである。図 1.4 は，斜面上の石ころ[†]に作用する重力 $\boldsymbol{f}_g$ を斜面に平行な方向の力 $\boldsymbol{f}_1$ と斜面に垂直な方向の力 $\boldsymbol{f}_2$ に分解する様子を示している。

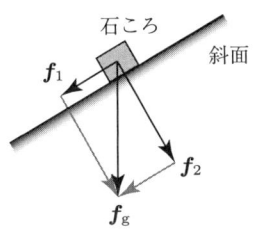
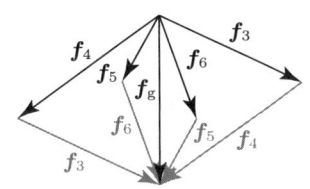

図 1.4　斜面に平行な方向と斜面に垂直な方向への重力ベクトルの分解

図 1.5　一意でないベクトルの分解

また，力の平行四辺形という言葉が示すとおり，力ベクトルは必ずしも図 1.4 のように直交方向に分解する必要はない。図 1.5 に示すように

$$\boldsymbol{f}_g = \boldsymbol{f}_3 + \boldsymbol{f}_4 = \boldsymbol{f}_5 + \boldsymbol{f}_6 \tag{1.23}$$

と複数の分解が可能であり，分解する方向とその組み合わせは任意であるから，無数の分解が考えられる。

1.3　ベクトルと座標系

1.3.1　ベクトルの成分と大きさ

ここまでは，特に厳密な定義をせずにベクトル $\boldsymbol{f}$ の x, y, z 方向の成分を f_x, f_y, f_z としていたが，ここではその成分についてもう少し考えてみよう。簡単のために，図 1.6 に示すように，2 次元空間において力ベクトル $\boldsymbol{f}$ と x-y 座標系を考える。力ベクトル $\boldsymbol{f}$ の x, y 成分 f_x, f_y は，図 1.6 からわかるように，それぞれベクトル $\boldsymbol{f}$ から x 軸，y 軸へおろした垂線と x 軸，y 軸との交点の x 座標，y 座標である。ここで，x 軸，y 軸の正の向きに単位の大きさ（大きさ 1）

[†] もう少し丸いほうが石ころらしいが，転がると話が少々ややこしくなるので，転がらないように，あえて四角い形で描いている。

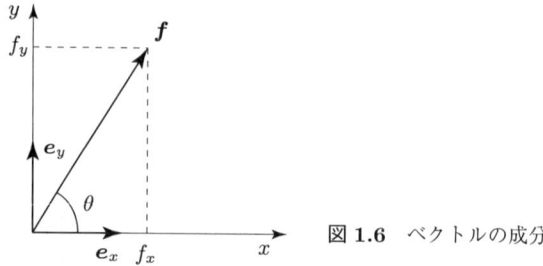

図 1.6 ベクトルの成分

を持つベクトルを e_x, e_y とする。これらのベクトルは，座標系を形成する基本となるベクトルであり，**基底ベクトル**（basis vector）と呼ばれる。また，これらの基底ベクトルはたがいに直交しており，大きさが 1 なので，**正規直交基底ベクトル**（orthonormal basis vector）と呼ばれる。この基底ベクトルを用いてベクトル f を分解すると

$$f = f_x e_x + f_y e_y \tag{1.24}$$

と表すことができる。したがって，ベクトルの成分とは，ベクトルをある基底ベクトルの合成として表したときの，各基底ベクトルの係数であると理解することもできる。

つぎに，ベクトルの大きさについて考えてみよう。ベクトル f の大きさを $|f|$ と表し，**ノルム**（norm）[†]と呼ぶ。f のノルムは，幾何学的に考えると図 1.6 におけるベクトル f の長さである。ピタゴラスの定理を使うと，ベクトルのノルムはその成分により

$$|f| = \sqrt{(f_x)^2 + (f_y)^2} \tag{1.25}$$

と表すことができる。大きさと向きを持つ量がベクトルと呼ばれるのに対し，ノルムのように大きさだけを持つ量はスカラーと呼ばれる。

ここでもう一度成分に話を戻そう。ベクトル f の x 方向成分は，図 1.6 のようにベクトル f から x 軸へおろした垂線と x 軸との交点の x 座標であった。成分 f_x をこのような幾何学的な表現ではなく，代数的に表すと

[†] 正確にはユークリッドノルムであるが，本書では特に断りのない限りユークリッドノルムを単にノルムと記述する。

$$f_x = \boldsymbol{f} \cdot \boldsymbol{e}_x = |\boldsymbol{f}||\boldsymbol{e}_x|\cos\theta \tag{1.26}$$

となる。ここで，θ は $\boldsymbol{f}$ と $\boldsymbol{e}_x$ のなす角である。この場合，$|\boldsymbol{e}_x|=1$ なので，$f_x = |\boldsymbol{f}|\cos\theta$ となり，幾何学的な考察と一致する。上式を一般化し

$$\boldsymbol{a} \cdot \boldsymbol{b} = |\boldsymbol{a}||\boldsymbol{b}|\cos\theta \tag{1.27}$$

をベクトル $\boldsymbol{a}$ と $\boldsymbol{b}$ の**内積**（inner product）と呼ぶ。ここで，θ は二つのベクトル $\boldsymbol{a}$ と $\boldsymbol{b}$ のなす角である。ベクトル $\boldsymbol{a}$ と $\boldsymbol{b}$ の内積は，ベクトル $\boldsymbol{a}$ の大きさと，ベクトル $\boldsymbol{b}$ のベクトル $\boldsymbol{a}$ 方向の成分をかけたスカラー量（ベクトル $\boldsymbol{a}$ と $\boldsymbol{b}$ を入れ替えても同じである）であり，ベクトルの任意の方向の成分を取り出すのに便利な道具である。また，同じベクトルの内積は，なす角がゼロとなることから

$$\boldsymbol{a} \cdot \boldsymbol{a} = |\boldsymbol{a}||\boldsymbol{a}|\cos\theta = |\boldsymbol{a}||\boldsymbol{a}| = |\boldsymbol{a}|^2 \tag{1.28}$$

となり，そのベクトルのノルムの 2 乗となる。

以上のベクトルの成分と大きさの概念が，一般的な 3 次元でどのような表現になるかを確認しておこう。x, y, z 軸の正の向きを持つ大きさ 1 のベクトルを正規直交基底ベクトルとし，それぞれ $\boldsymbol{e}_x, \boldsymbol{e}_y, \boldsymbol{e}_z$ と定義する。力ベクトル $\boldsymbol{f}$ はこの正規直交基底ベクトルを用いて分解すると

$$\boldsymbol{f} = f_x \boldsymbol{e}_x + f_y \boldsymbol{e}_y + f_z \boldsymbol{e}_z \tag{1.29}$$

と表される。ベクトル $\boldsymbol{f}$ の各成分は，正規直交基底ベクトルとの内積

$$f_x = \boldsymbol{f} \cdot \boldsymbol{e}_x, \quad f_y = \boldsymbol{f} \cdot \boldsymbol{e}_y, \quad f_z = \boldsymbol{f} \cdot \boldsymbol{e}_z \tag{1.30}$$

によって定義されるということもできる。ベクトル $\boldsymbol{f}$ の大きさ，すなわちノルムは

$$|\boldsymbol{f}| = \sqrt{(f_x)^2 + (f_y)^2 + (f_z)^2} \tag{1.31}$$

となる。

また，正規直交基底ベクトル同士の内積に関して

$$e_x \cdot e_y = e_y \cdot e_z = e_z \cdot e_x = 0 \tag{1.32}$$

$$e_x \cdot e_x = e_y \cdot e_y = e_z \cdot e_z = 1 \tag{1.33}$$

が成り立つ。大きさがゼロでない二つのベクトルの内積がゼロということは，二つのベクトルのなす角が90°であり，すなわち直交しているということである。また，二つのベクトルの内積が二つのベクトルのノルムの積（ここでは1）ということは，二つのベクトルの向きは同じであることを意味する。式(1.32)および式(1.33)はまとめて

$$e_i \cdot e_j = \delta_{ij} = \begin{cases} 1 & (i = j) \\ 0 & (i \neq j) \end{cases} \tag{1.34}$$

と表すこともできる。ここで $i, j = x, y, z$（i, j はそれぞれ x, y, z のいずれか）[†1]であり，δ_{ij} は**クロネッカーのデルタ**（Kronecker's delta）と呼ばれる。

1.3.2 座標変換

正規直交基底はたがいに直交する必要があるが[†2]，向きは任意なので，無数に存在する。そのため，ベクトルの成分が式(1.30)で定義されることを考えると，ベクトルの成分も正規直交基底に依存し，無数に存在することになる。

ベクトル $\boldsymbol{f}$ を，x-y-z 座標系とは別の x'-y'-z' 座標系における成分 $(f_{x'}, f_{y'}, f_{z'})$ とその座標系の正規直交基底ベクトル $e_{x'}, e_{y'}, e_{z'}$ で表すと

$$\boldsymbol{f} = f_{x'} e_{x'} + f_{y'} e_{y'} + f_{z'} e_{z'} \tag{1.35}$$

となる。ベクトルはどのような座標系で表しても，その存在そのものは不変であるので，上式は式(1.29)と等しい。そこで，x-y-z 座標系における成分の定義(1.30)に，式(1.35)を代入することにより，x-y-z 座標系における成分 (f_x, f_y, f_z) と，x'-y'-z' 座標系における成分 $(f_{x'}, f_{y'}, f_{z'})$ の関係を

[†1] 方向を表す下付き文字 x, y, z をそれぞれ 1, 2, 3 で表す書籍も多いが，本書ではすべて x, y, z で統一する。
[†2] たがいに直交しない基底ベクトルを考えることもできるが，本書では扱わない。

1.3 ベクトルと座標系

$$
\left.\begin{array}{l}
f_x = f_{x'}\bm{e}_x \cdot \bm{e}_{x'} + f_{y'}\bm{e}_x \cdot \bm{e}_{y'} + f_{z'}\bm{e}_x \cdot \bm{e}_{z'} \\
f_y = f_{x'}\bm{e}_y \cdot \bm{e}_{x'} + f_{y'}\bm{e}_y \cdot \bm{e}_{y'} + f_{z'}\bm{e}_y \cdot \bm{e}_{z'} \\
f_z = f_{x'}\bm{e}_z \cdot \bm{e}_{x'} + f_{y'}\bm{e}_z \cdot \bm{e}_{y'} + f_{z'}\bm{e}_z \cdot \bm{e}_{z'}
\end{array}\right\} \tag{1.36}
$$

と得ることができる。行列を用いてこれを表すと

$$
\left\{\begin{array}{c} f_x \\ f_y \\ f_z \end{array}\right\} = \bm{T} \left\{\begin{array}{c} f_{x'} \\ f_{y'} \\ f_{z'} \end{array}\right\} \tag{1.37}
$$

であり，ここで $\bm{T}$ は

$$
\bm{T} = \left[\begin{array}{ccc}
\bm{e}_x \cdot \bm{e}_{x'} & \bm{e}_x \cdot \bm{e}_{y'} & \bm{e}_x \cdot \bm{e}_{z'} \\
\bm{e}_y \cdot \bm{e}_{x'} & \bm{e}_y \cdot \bm{e}_{y'} & \bm{e}_y \cdot \bm{e}_{z'} \\
\bm{e}_z \cdot \bm{e}_{x'} & \bm{e}_z \cdot \bm{e}_{y'} & \bm{e}_z \cdot \bm{e}_{z'}
\end{array}\right] \tag{1.38}
$$

で定義される**座標変換行列**（transformation matrix）である[†]。式 (1.36) あるいは式 (1.37) の逆の関係は

$$
\left\{\begin{array}{c} f_{x'} \\ f_{y'} \\ f_{z'} \end{array}\right\} = \bm{T}^{-1} \left\{\begin{array}{c} f_x \\ f_y \\ f_z \end{array}\right\} = \bm{T}^{\mathrm{T}} \left\{\begin{array}{c} f_x \\ f_y \\ f_z \end{array}\right\} \tag{1.39}
$$

である。ここで，$\bm{T}^{-1}$ は $\bm{T}$ の**逆行列**（inverse matrix）であり，$\bm{T}\bm{T}^{-1} = \bm{T}^{-1}\bm{T} = \bm{I}$ を満たす。$\bm{I}$ は対角成分のみ 1 で他の成分は 0 の**単位行列**（identity matrix）である。$\bm{T}^{\mathrm{T}}$ は $\bm{T}$ の**転置行列**（transposed matrix）であり，$\bm{T}^{\mathrm{T}}$ の (i,j) 成分は $\bm{T}$ の (j,i) 成分と等しい。式 (1.39) から，座標変換行列 $\bm{T}$ に関しては，その逆行列と転置行列が等しい，すなわち $\bm{T}^{-1} = \bm{T}^{\mathrm{T}}$ であることがわかる。このような性質を持つ実行列は，**直交行列**（orthogonal matrix）と呼ばれる。

話を簡単にするために 2 次元で考えてみよう。図 **1.7** に示すように，二つの座標系 x-y と x'-y' があり，x 軸と x' 軸のなす角は θ である。

[†] 本書において，特に断りのない限り，大文字の太字は行列を表す。

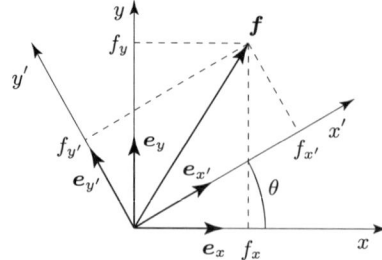

図 1.7 2次元におけるベクトルの座標変換

このとき，座標変換行列 T は

$$T = \begin{bmatrix} e_x \cdot e_{x'} & e_x \cdot e_{y'} \\ e_y \cdot e_{x'} & e_y \cdot e_{y'} \end{bmatrix}$$

$$= \begin{bmatrix} \cos\theta & \cos(90°+\theta) \\ \cos(90°-\theta) & \cos\theta \end{bmatrix} = \begin{bmatrix} \cos\theta & -\sin\theta \\ \sin\theta & \cos\theta \end{bmatrix} \quad (1.40)$$

である。ここで，内積の定義 $e_x \cdot e_{x'} = |e_x||e_{x'}|\cos\theta$ および $|e_x| = |e_{x'}| = 1$ などの関係を用いた。2次元の座標変換行列 T は，関係付ける二つの座標系のなす角が θ であることを明示的に表すために，$T(\theta)$ と書くこともある。

演習問題

〔**1.1**〕 2次元空間において，ある質点に力 f_1, f_2 が作用している。それぞれの力ベクトルの正規直交基底ベクトル e_x, e_y の成分は

$$f_1 = \begin{Bmatrix} a \\ b \end{Bmatrix}, \quad f_2 = \begin{Bmatrix} c \\ d \end{Bmatrix}$$

である。この質点に，さらに力 f_3 を作用させたところ，つり合った。f_3 の成分を求めよ。

〔**1.2**〕 〔1.1〕のベクトル f_1, f_2 の内積 $f_1 \cdot f_2$ をそれぞれの成分で表すと，同じ方向の成分同士の積の総和

$$f_1 \cdot f_2 = ac + bd$$

となることを示せ。

演習問題

〔**1.3**〕 ばね定数 k は，フックの法則 $f = k\delta$ に示されるように，ばねを単位長さ変化させるために必要な力として定義され，また，ばねの変形のしづらさ，すなわち硬さを意味するため，剛性とも呼ばれる。一方，フックの法則を変形し，$c = k^{-1}$ なる量を用いれば，伸びと力の関係は $\delta = cf$ と表すこともできる。このばね定数の逆数 c はコンプライアンスと呼ばれ，単位の力による伸び，すなわち変形のしやすさを意味する。1.1.1 項では，図 1.1 (b), (c) に示した並列ばねと直列ばねを一つのばねとみなしたときのばね定数として合成ばね定数を求めたが，同様に，図 1.1 (b), (c) のばねの合成コンプライアンスを求めよ。

〔**1.4**〕 ベクトルの内積は，その定義式 (1.27) からわかるように，座標系に依存しない。したがって，〔1.2〕の内積を，$\boldsymbol{e}_x, \boldsymbol{e}_y$ から θ だけ傾いた正規直交基底ベクトル $\boldsymbol{e}_{x'}, \boldsymbol{e}_{y'}$ の成分で表しても内積は変わらない。このことを証明せよ。

〔**1.5**〕 ベクトルの成分が，単位基底ベクトルとの内積で定義できるという関係を表した式 (1.30) を証明せよ。

〔**1.6**〕 座標変換行列 $\boldsymbol{T}$ が直交行列であることを確かめよ。

〔**1.7**〕 2 次元の座標変換行列 $\boldsymbol{T}(\theta)$ は，$\theta = \theta_1 + \theta_2$ である任意の θ_1 と θ_2 を用いて

$$\boldsymbol{T}(\theta) = \boldsymbol{T}(\theta_1)\boldsymbol{T}(\theta_2) = \boldsymbol{T}(\theta_2)\boldsymbol{T}(\theta_1) \tag{1.41}$$

と表すことができる。これは，θ 回転した座標系は，θ_1 だけ回転した座標系をさらに θ_2 だけ回転させたものとして考えることができるためである。式 (1.41) をその成分を書き下すことにより確認せよ。

2章 質点の運動と，運動の法則

◆本章のテーマ

　物体の運動を記述するためには，多くの場合，数式を用いる。本章では，まず質点の運動を記述するための方法を学ぶ。質点の運動は位置や変位，速度といった量で表すことができ，それらはベクトルとして記述できる。つぎに，物体の運動を支配する基本的な法則を学ぶ。力学が対象とする多くの複雑な現象も，非常に数少ない基本法則で支配されている。次章以降で学ぶさまざまな事柄は，本章で学ぶ基本的な法則となんらかの関係を持っている。本章により，力学が数学とかなりの領域で共通点を持っていること，逆に，数学的な表記や数式にも力学の本質が隠されていることに気づくだろう。

◆本章の構成（キーワード）

2.1 運動の表現とベクトル
　　　質点，変位，速度，加速度，ベクトル
2.2 運動の法則
　　　慣性の法則，運動方程式，作用・反作用の法則
2.3 質点の運動
　　　質点の運動，質点系の運動

◆本章を学ぶと以下の内容をマスターできます

- ベクトルによる運動の記述
- 質点の運動の法則とその数学的記述法
- 与えられた力から質点の運動を求める
- 与えられた質点の運動から力を求める
- 複数の質点からなる質点系の運動と質量中心を求める
- 外力と内力の違い

2.1 運動の表現とベクトル

質点の運動を表現するということは，質点の状態を表すということである。質点の状態とは，ある時刻において，質点がどこにあるのか（場所），どの程度の速度・加速度を持っているのか，という情報である。本節では，質点の状態を過不足なく記述するための方法を説明する。

2.1.1 運動の表現

質点の運動を表現する最も基本的な量の一つは，質点の位置である。位置はある基準点（原点）から質点を結ぶベクトルであり，ここでは $\boldsymbol{x}$ と表す。位置の次元は物理における基本的な次元の［長さ］そのものであり，その単位は国際単位系では[m]である。また，質点の位置は，ある時刻における質点の位置を基準とし，その後の任意の時刻の質点の位置を**変位**（displacement）として表すこともできる。原点を基準とした基準時刻 $t=0$ における質点の位置を $\boldsymbol{X}$ とする。任意の時刻 t における質点の位置を $\boldsymbol{x}(t)$ とすると，時刻 t における変位 $\boldsymbol{u}(t)$ は

$$\boldsymbol{u}(t) = \boldsymbol{x}(t) - \boldsymbol{X} \tag{2.1}$$

と定義される。なお，$\boldsymbol{X} = \boldsymbol{x}(0)$ であり，また，式 (2.1) から時刻 t を省略して $\boldsymbol{u} = \boldsymbol{x} - \boldsymbol{X}$ と書く場合もある。式 (2.1) の右辺にある位置は［長さ］の次元を持ち，したがって，その差も［長さ］の次元を持つことから，変位も［長さ］の次元を持つ。

質点の運動を表現するもう一つの最も基本的な量は，**速度**（velocity）である。速度とは，ある単位の時間に物体の位置が変化する度合いであり

$$\boldsymbol{v}(t) = \left.\frac{\mathrm{d}\boldsymbol{x}}{\mathrm{d}t}\right|_{t=t} \quad \text{または} \quad \boldsymbol{v} = \frac{\mathrm{d}\boldsymbol{x}}{\mathrm{d}t} \tag{2.2}$$

と定義される。また，変位の定義 $\boldsymbol{u}(t) = \boldsymbol{x}(t) - \boldsymbol{X}$ より

$$\frac{\mathrm{d}\boldsymbol{u}}{\mathrm{d}t} = \frac{\mathrm{d}(\boldsymbol{x} - \boldsymbol{X})}{\mathrm{d}t} = \frac{\mathrm{d}\boldsymbol{x}}{\mathrm{d}t} \tag{2.3}$$

のように，変位の時間微分は位置の時間微分と同じになることから，速度を変位で

$$v(t) = \left.\frac{d\boldsymbol{u}}{dt}\right|_{t=t} \quad \text{または} \quad \boldsymbol{v} = \frac{d\boldsymbol{u}}{dt} \tag{2.4}$$

と表すこともできる。なお，速度の大きさ $|\boldsymbol{v}|$ のことを速さという。先に述べたように，速度は単位の時間に物体の位置が変化する度合いなので，速度の次元を基本的な次元である［質量］，［長さ］，［時間］で表現すると

$$(\text{速度}) = \frac{[\text{長さ}]}{[\text{時間}]}$$

である。また，速度の単位は〔m/s〕である。

一方，時刻 t から $t+\Delta t$ の有限な時間における平均的な速度 $\overline{\boldsymbol{v}}$ は

$$\overline{\boldsymbol{v}} = \frac{\boldsymbol{u}(t+\Delta t) - \boldsymbol{u}(t)}{\Delta t} \tag{2.5}$$

と表される。微分の定義を思い出すと，式 (2.5) は時間 Δt を無限小にしたときに

$$\lim_{\Delta t \to 0} \overline{\boldsymbol{v}} = \lim_{\Delta t \to 0} \frac{\boldsymbol{u}(t+\Delta t) - \boldsymbol{u}(t)}{\Delta t} = \frac{d\boldsymbol{u}}{dt} = \boldsymbol{v} \tag{2.6}$$

となり，式 (2.4) に一致する。

変位の時間変化率から速度を定義したように，速度の時間変化率から**加速度**（acceleration）が定義できる。加速度とは，ある単位の時間に物体の速度が変化する度合いであり

$$\boldsymbol{a}(t) = \left.\frac{d\boldsymbol{v}}{dt}\right|_{t=t} \quad \text{または} \quad \boldsymbol{a} = \frac{d\boldsymbol{v}}{dt} \tag{2.7}$$

と定義される。また，速度は変位もしくは位置の時間微分であるので，加速度は変位の 2 階微分として

$$\boldsymbol{a}(t) = \left.\frac{d^2\boldsymbol{u}}{dt^2}\right|_{t=t} \quad \text{または} \quad \boldsymbol{a} = \frac{d^2\boldsymbol{u}}{dt^2} \tag{2.8}$$

あるいは，位置の 2 階微分として

$$\boldsymbol{a}(t) = \left.\frac{d^2\boldsymbol{x}}{dt^2}\right|_{t=t} \quad \text{または} \quad \boldsymbol{a} = \frac{d^2\boldsymbol{x}}{dt^2} \tag{2.9}$$

のように定義することもできる。加速度は単位の時間に物体の速度が変化する

2.1 運動の表現とベクトル

度合いなので，加速度の次元を基本的な次元である［質量］，［長さ］，［時間］で表現すると

$$（加速度）= \frac{[長さ]}{[時間]^2}$$

である。また，加速度の単位は$[\mathrm{m/s^2}]$である。

一方，時刻 t から $t+\Delta t$ の有限な時間における平均的な加速度 $\overline{\boldsymbol{a}}$ は

$$\overline{\boldsymbol{a}} = \frac{\boldsymbol{v}(t+\Delta t)-\boldsymbol{v}(t)}{\Delta t} \tag{2.10}$$

と表される。微分の定義を思い出すと，式 (2.10) は時間 Δt を無限小にしたときに

$$\lim_{\Delta t \to 0} \overline{\boldsymbol{a}} = \lim_{\Delta t \to 0} \frac{\boldsymbol{v}(t+\Delta t)-\boldsymbol{v}(t)}{\Delta t} = \frac{\mathrm{d}\boldsymbol{v}}{\mathrm{d}t} = \boldsymbol{a} \tag{2.11}$$

となり，式 (2.7) に一致する。

質点の位置は，系の状態を表すために必要不可欠な変数である。位置はベクトルであることからわかるように，3 次元の問題であれば三つの成分で表すことができ，この場合は**自由度**（degree of freedom）が 3 であるという。質点の位置と速度は，ある時刻 t の瞬間だけを考えると $\boldsymbol{x}(t)=\boldsymbol{x}_0$ かつ $\boldsymbol{v}(t)=\boldsymbol{v}_0$ であってもよいし，$\boldsymbol{x}(t)=\boldsymbol{x}_0$ かつ $\boldsymbol{v}(t)=\boldsymbol{v}_1 \neq \boldsymbol{v}_0$ であってもよい[†]ので，独立なように思えるかもしれない。しかし，速度の定義式 (2.2) からわかるように，速度は位置の時間微分であるため，速度と位置は独立ではない。したがって，位置ベクトルの 3 成分と速度ベクトルの 3 成分を合わせて 6 自由度とはならない。位置を状態を表す独立な変数とする場合は，速度はそれに従属な変数となる。逆に速度を独立な変数とすることもできるが，その場合は，位置は速度に従属な変数となる。また，加速度と速度についても同じことがいえ，加速度と速度と位置は独立ではない。したがって，3 次元の問題における質点の自由度はあくまで 3 である。

[†] 質点がある点 $\boldsymbol{x}_0$ にあったときに，質点の速度はある速度 $\boldsymbol{v}_0$ かもしれないし，それとは異なる速度 $\boldsymbol{v}_1$ かもしれない，と説明したほうがわかりやすいだろうか。

2.1.2 位置ベクトル・変位ベクトル・速度ベクトル・加速度ベクトル

前項では特に断ることなしに，位置や変位などの質点の状態を表す量をベクトルを意味する太字の記号で表した。このことを，2 次元を例に，図を交えてもう少し考えてみよう。

位置ベクトルと変位ベクトルを理解するために，図 2.1 を見てみよう。点 X は時刻 $t=0$ のときのある質点の位置であり，座標系の原点を始点として点 X に至るベクトルを $\boldsymbol{X}$ で示している。ある時刻 t になったとき，この質点が位置 $\boldsymbol{x}$ にあるとする。$\boldsymbol{x}$ も原点を始点としたベクトルで表している。この時刻 t における変位 $\boldsymbol{u}$ は $\boldsymbol{u}=\boldsymbol{x}-\boldsymbol{X}$ であり，図 2.1 から，変位ベクトル $\boldsymbol{u}$ は位置 $\boldsymbol{X}$ を始点として位置 $\boldsymbol{x}$ に至るベクトルであることがわかる。

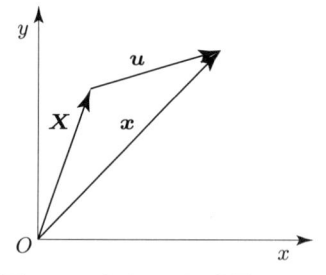

図 2.1 2 次元における位置ベクトルと変位ベクトル

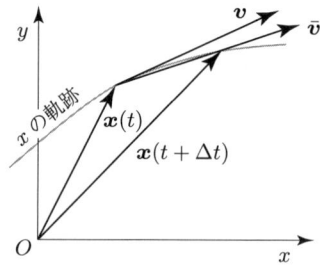

図 2.2 2 次元における速度ベクトル

つぎに，速度ベクトルを理解するために，図 2.2 を見てみよう。この図には，ある質点の運動の軌跡がグレーの線で描かれている。時刻 t のときの質点の位置は $\boldsymbol{x}(t)$ であり，微小時間後の時刻 $t+\Delta t$ において位置 $\boldsymbol{x}(t+\Delta t)$ に移動したとしよう。図 2.2 には，それぞれの時刻における位置は，原点を基準点としたベクトルで示されている。このとき，時刻 t から $t+\Delta t$ における平均速度ベクトル $\bar{\boldsymbol{v}}$ は，式 (2.5) から，位置 $\boldsymbol{x}(t)$ を始点として位置 $\boldsymbol{x}(t+\Delta t)$ に至るベクトルを $1/\Delta t$ 倍したものとなる。この関係は，変位の定義式 (2.1) と式 (2.5)，図 2.1 と図 2.2 の類似性から，より理解することができるだろう。さらに，速度ベクトル $\boldsymbol{v}$ は $\Delta t \to 0$ としたときの平均速度ベクトルであり，Δt が小さくなるということは，$\boldsymbol{x}(x)$ と $\boldsymbol{x}(t+\Delta t)$ が近づくということであり，質点の位置

の軌跡の接線となる†。

図 **2.3** に 3 種類の運動における速度ベクトルを例示した。図中，グレーの実線が質点の軌跡である。(a) の等速直線運動では，軌跡は直線であり，速度ベクトルは軌跡と平行である。(b) の等速円運動では，軌跡は円となり，速度ベクトルは円の接線となることから，その向きは時刻や場所によって異なっている。等速円運動の場合，文字どおり速さが等しいので，速度ベクトルの大きさ（ノルム）はつねに一定である。(c) の放物運動では，軌跡は放物線となり，速度ベクトルは放物線の接線となっている。速度ベクトルの向きが場所によって異なっている点は，(b) の等速円運動と同じであるが，速度ベクトルのノルムは頂点で最も小さく，下方に行くに従って大きくなっている。

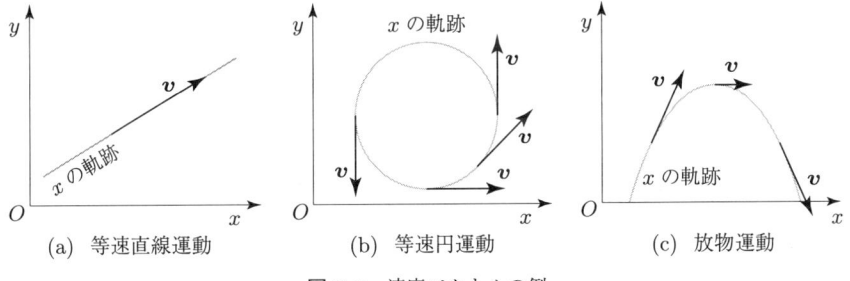

(a) 等速直線運動　(b) 等速円運動　(c) 放物運動

図 **2.3** 速度ベクトルの例

つぎに，加速度ベクトルを理解するために，図 **2.4** を見てみよう。図 2.4 (a) には，ある質点の運動の軌跡がグレーの線で描かれている。質点は時刻 t および微小時間後の時刻 $t + \Delta t$ において，それぞれ位置 $\boldsymbol{x}(t)$ および $\boldsymbol{x}(t + \Delta t)$ にあり，それぞれの時刻における速度ベクトルは，それぞれの位置における軌跡の接線となり，$\boldsymbol{v}(t)$ および $\boldsymbol{v}(t + \Delta t)$ である。図 2.4 (b) は，速度ベクトルの始点を一緒にして示しており，時刻 t から $t + \Delta t$ における平均加速度ベクトル $\bar{\boldsymbol{a}}$ は，式 (2.10) から，速度ベクトル $\boldsymbol{v}(t)$ を始点として速度ベクトル $\boldsymbol{v}(t + \Delta t)$ に至るベクトルを $1/\Delta t$ 倍したものとなる。この関係は，速度ベクトル $\boldsymbol{v}$ を変位ベクトル $\boldsymbol{x}$ と置き換えたときの速度ベクトルの定義と，本質的には同じであ

---

† ただし，その長さは図からは決定できない。

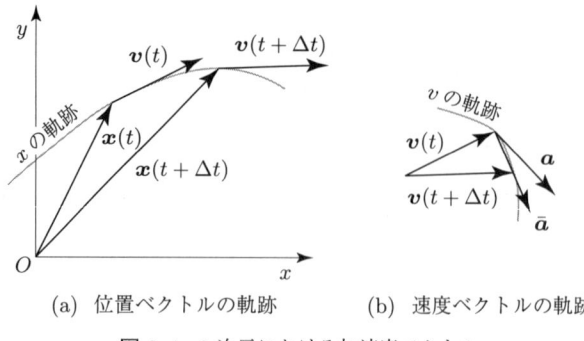

(a) 位置ベクトルの軌跡　　(b) 速度ベクトルの軌跡

図 2.4　2 次元における加速度ベクトル

る。さらに、加速度ベクトル $\bm{a}$ は $\Delta t \to 0$ としたときの平均加速度ベクトルであり、Δt が小さくなるということは、$\bm{v}(x)$ と $\bm{v}(t + \Delta t)$ が近づくということであり、図 2.4 (b) における質点の速度ベクトルの軌跡の接線となる[†]。なお、図 2.4 (b) の $\bm{v}$ の軌跡のように、始点を固定した速度ベクトルの先端が描く曲線を**ホドグラフ**（hodograph）という。

　図 **2.5** に、2 種類の運動における加速度ベクトルを例示する。図中、グレーの実線が質点の軌跡である。(a) の等速円運動では、軌跡は円に、速度ベクトルは円の接線になり、場所によって向きが異なることは前に説明したが、加速度ベクトルは速度ベクトルに直角であり、つねに円の中心を向いている。また、加速度ベクトルの向きは時刻や場所によって異なるが、加速度ベクトルの大き

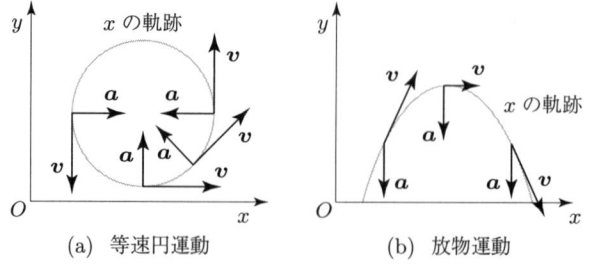

(a) 等速円運動　　(b) 放物運動

図 2.5　加速度ベクトルの例

　[†]　ただし、速度ベクトルのときと同じように、その長さは図からは決定できない。

さ（ノルム）はつねに一定である。(b) の放物運動では，軌跡は放物線に，速度ベクトルは放物線の接線になり，加速度ベクトルの向きや大きさは場所によって異なることを前に述べた。この場合，加速度ベクトルの向きはつねに鉛直下向きであり，大きさ（ノルム）も一定となっている。

2.2 運動の法則

2.2.1 慣性の法則

慣性の法則（law of inertia）とは，「物体は，外部から力を加えられない限り，一直線上を同じ速度で動き続ける」という法則であり，**ニュートンの第1法則**（Newton's first law）ともいわれる。同じ速度で動き続けるということには，静止している，すなわち速度がゼロであり続けることも含まれる。

2.2.2 運動方程式

運動方程式（equation of motion）とは，「物体の速度の変化（すなわち加速度）と質量の積は，外部から加えられた力に比例する」という法則を表す式である。この法則は**ニュートンの第2法則**（Newton's second law）ともいわれる。運動方程式は，質量を m，加速度ベクトルを $\bm{a}$，力ベクトルを $\bm{f}$ とした，ベクトルを用いた数式では

$$\bm{f} = m\bm{a} \tag{2.12}$$

と表される。物体の質量については特に説明しなかったが，質量そのものが基本的な次元の一つであり，単位は〔kg〕である[†]。質量は物体そのものが持つ物理量で，身近な量であるが，根本的に説明することはじつは難しい。あえて説明するなら，質量はその物体の運動のさせにくさを表す量である。

運動方程式 (2.12) のように，力学においてさまざまな関係を数式で表すこと

[†] いわゆる「重さ」は物体に作用する重力，すなわち力を意味するので，混同しないようにしよう。

になるが，体重（質量）と身長（長さ）のような次元の異なるものの比較ができないことからわかるように，左辺と右辺は必ず同じ次元を持たなくてはならない。式 (2.12) の左辺の力は，すでに述べたように

$$（力）= \frac{[質量]\cdot[長さ]}{[時間]^2}$$

の次元を持つ．右辺は質量と加速度の積なので，その次元は

$$（質量）\cdot（加速度）= [質量]\cdot\frac{[長さ]}{[時間]^2}$$

となり，左辺の次元と一致する．特に複雑な関係を数式で表すときには，ここで行ったように次元を確認することで，間違いを防いだり，時には重要な力学の本質に気づいたりすることがある．したがって，力学において数式を用いるときは，つねに次元を意識するようにしよう．

式 (2.12) で表されるニュートンの第 2 法則を，いくつかの側面で解釈してみよう．

(1) 例えば，ある物体に同じ力を作用させる場合，結果として生じる加速度は，物体の質量に反比例する．したがって，スピードが要求される運動競技の用具（陸上競技のシューズや，競技用の自転車や自動車）は，日々軽量化のための努力がなされている．

(2) 身近にある乗用車の質量はだいたい $1\,000\,\mathrm{kg}$ 程度である．人力で動かすことはできなそうに思うかもしれないが，重力に対抗しようとせず，すべてのブレーキを解放し水平に動かそうとすれば，加速度はとても小さいが動かすことは不可能ではない．

(3) ばねに発生する力はフックの法則により $f = k\delta$ と表される．ここで，k はばね定数，δ はばねの伸びである．このとき，ばね定数 k は「単位の伸びを生じさせるために必要な力」であり，ばねに固有の性質であると解釈することができる．同様に考えると，運動方程式から，質量 m は「単位の加速度を生じさせるために必要な力」であり，その物体固有の性質であると解釈することもできる．実際に，ばねばかりのような身近にあ

る質量を計測するための道具は,質量そのものというよりも,その物体に作用する重力を計測しているものが多い。

運動方程式 (2.12) において,力がゼロの場合を考えてみよう。この場合

$$\mathbf{0} = m\mathbf{a} \quad \Rightarrow \quad \mathbf{a} = \mathbf{0} \tag{2.13}$$

となり,加速度がゼロとなる。加速度がゼロということは,速度の変化がなく一定であることを意味し,この結果は慣性の法則と整合している。見方によっては,式 (2.13) は運動方程式から慣性の法則が導かれると解釈できてしまうかもしれない。そうであれば,慣性の法則は運動方程式に含まれるので,あえて法則というほどのものではないのでは,と思う読者もいるかもしれない。しかしながら,式 (2.13) は運動方程式から慣性の法則が導かれるという意味ではなく,運動方程式が成り立つためには慣性の法則が成り立つ必要がある,ということを意味する。つぎの 3 章で述べるように,観測者が運動するような系では,慣性の法則が成り立たず,したがって,運度方程式もそのままでは成り立たない場合もある。

2.2.3 作用・反作用の法則

二つの物体 A, B を考える。いま,物体 A が物体 B に力 $\mathbf{f}_{AB}$ を及ぼしており,物体 B は物体 A に力 $\mathbf{f}_{BA}$ を及ぼしているとする。このとき,つねに

$$\mathbf{f}_{AB} = -\mathbf{f}_{BA} \tag{2.14}$$

が成り立つ。つまり,物体 A が物体 B に及ぼす力を「作用」とすれば,物体 B が物体 A に及ぼす力は「反作用」となり,それらの力は大きさが同じで,向きが反対である[†]。このことを,**作用・反作用の法則**(action-reaction law)という。この法則から,物体 A が物体 B に力を及ぼすが,物体 A は物体 B からなんら力を受けないということはあり得ない。物理の世界では,ギブ・アン

[†] ここまでは,大きさのない質点に話を限定してきたので,力がどこに作用しているかという作用線という概念はまだ説明していないが,作用と反作用は同じ作用線に作用している。作用線については,6 章で詳しく説明する。

ド・テイクが厳密に成り立っているのである。この法則は**ニュートンの第 3 法則**（Newton's third law）ともいわれる。

2.3 質点の運動

2.3.1 質点の運動

本項では，前節で学んだ運動の法則に従う質点の運動の具体例を見ていくことにする。

〔1〕 一定の力を受ける質点　　時刻ゼロで原点に静止していた質量 m の質点が，一定の力 $\bm{f}$ を受けるとき，どうように運動するかを考える。このように，与えられた条件から任意の時刻における質点の状態（位置や速度）を求めることは，力学の最も重要な目的の一つである。

運動方程式

$$\bm{f} = m\bm{a} \tag{2.15}$$

より，加速度が

$$\bm{a} = \frac{\bm{f}}{m} \tag{2.16}$$

と得られる。つぎに，加速度と速度の関係式 (2.7)

$$\bm{a} = \frac{d\bm{v}}{dt} \tag{2.17}$$

の両辺を時刻 0 から t_1 まで積分することを考える。式 (2.16) および力 $\bm{f}$ は一定であることを考慮すると，左辺は

$$\int_0^{t_1} \frac{\bm{f}}{m} \, dt = \frac{\bm{f}}{m} \left[t \right]_0^{t_1} = \frac{\bm{f}}{m} t_1 \tag{2.18}$$

となる。一方，右辺は

$$\int_0^{t_1} \frac{d\bm{v}}{dt} \, dt = \left[\bm{v} \right]_0^{t_1} = \bm{v}(t_1) - \bm{v}(0) = \bm{v}(t_1) \tag{2.19}$$

となる。ここで，時刻 0 で質点の速度がゼロであることを用いた。t_1 を t は置き換えてもよいので[†]，時刻 t における速度ベクトルが

$$\bm{v}(t) = \frac{\bm{f}}{m} t \tag{2.20}$$

と得られた。速度ベクトルは，力ベクトルと同じ向きで，その大きさは時刻 t に比例することがわかる。つぎに，速度と位置の関係式 (2.2)

$$\bm{v} = \frac{\mathrm{d}\bm{x}}{\mathrm{d}t} \tag{2.21}$$

の両辺を時刻 0 から t_1 まで積分することを考える。式 (2.20) を考慮すると左辺は

$$\int_0^{t_1} \bm{v}\,\mathrm{d}t = \int_0^{t_1} \frac{\bm{f}}{m} t\,\mathrm{d}t = \left[\frac{\bm{f}}{2m} t^2\right]_0^{t_1} = \frac{\bm{f}}{2m} (t_1)^2 \tag{2.22}$$

となる。一方，右辺は

$$\int_0^{t_1} \frac{\mathrm{d}\bm{x}}{\mathrm{d}t}\,\mathrm{d}t = \left[\,\bm{x}\,\right]_0^{t_1} = \bm{x}(t_1) - \bm{x}(0) = \bm{x}(t_1) \tag{2.23}$$

となる。ここで，時刻 0 での質点の位置が原点であることを用いた。t_1 を t と置き換えれば

$$\bm{x}(t) = \frac{\bm{f}}{2m} t^2 \tag{2.24}$$

を得る。以上から，位置ベクトルは力ベクトルと同じ向きで，その大きさは時刻 t の 2 乗に比例することがわかる。

　ここまでは運動方程式から加速度を求め，加速度と速度の関係，さらに位置と速度の関係を用いて，最終的に位置を求めた。同様のことは，加速度と位置の関係式 (2.9) を用いて，位置で表した運動方程式

$$\bm{f} = m \frac{\mathrm{d}^2 \bm{x}}{\mathrm{d}t^2} \tag{2.25}$$

を出発点としても得ることができるだろう。その場合，運動方程式 (2.25) を条件

[†] 最初から積分の範囲を 0 から t としてもよいが，被積分関数と積分の範囲に同じ t が入っているとまぎらわしいので，積分の範囲を t_1 にして，積分のあとで t_1 を t に置き換えることにした。

$$x(0) = 0, \quad v(0) = \left.\frac{dx}{dt}\right|_{t=0} = 0 \tag{2.26}$$

のもとで，位置 x について解くことになる．この条件は解析の対象となる時間の出発点における条件なので，**初期条件**（initial condition）と呼ばれる．また，運動方程式は x の微分方程式であり，微分方程式を初期条件のもとで解く問題を，微分方程式の**初期値問題**（initial value problem）と呼ぶ．

〔2〕 **等速円運動をする質点**　　図 **2.6** (a) に示すように，重力の影響を受けない x-y 平面上を，たるむことのないひもで原点に固定された質量 m の質点が等速円運動をしている場合を考えよう．

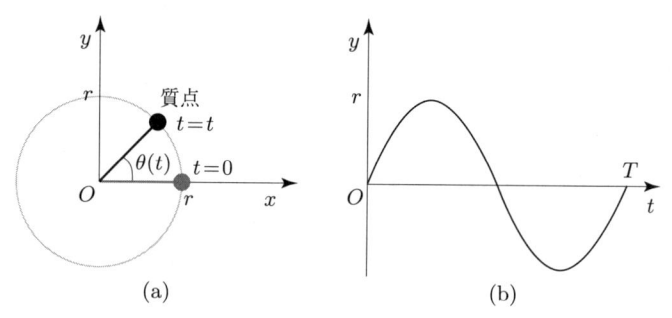

図 2.6　ひもに固定されて等速円運動する質点

円運動の半径を r とし，時刻 0 における質点の位置を，成分を用いて

$$x(0) = \left\{\begin{array}{c} r \\ 0 \end{array}\right\} \tag{2.27}$$

とする．すると，任意の時刻 t における質点の位置は

$$x(t) = \left\{\begin{array}{c} r\cos\theta(t) \\ r\sin\theta(t) \end{array}\right\} \tag{2.28}$$

と表せる．ここで θ は，x 軸と，原点と質点を結ぶ直線とのなす角であり，反時計回りを正とする**角変位**（angular displacement）である．半径に中心角をかけると円周の長さになることからわかるように，角変位は [質量]，[長さ]，[時間] のど

の基本的な次元も持たない量であり†，そのような量を**無次元量**（dimensionless quantity）と呼ぶ。式 (2.28) のように，2 次元において任意の位置を，原点からの距離と，ある軸との角度で表すことができ，そのような表し方を**極座標**（polar coordinate）表示と呼ぶ。特に円運動の場合は，原点からの距離が変わらず，角変位 θ のみが変化するので，極座標を用いると便利である。極座標で表された位置 (2.28) を時間で微分することにより，速度が

$$\boldsymbol{v}(t) = \frac{d\boldsymbol{x}}{dt} = r\frac{d\theta}{dt}\left\{\begin{array}{c} -\sin\theta(t) \\ \cos\theta(t) \end{array}\right\} = r\omega\left\{\begin{array}{c} -\sin\theta(t) \\ \cos\theta(t) \end{array}\right\} \quad (2.29)$$

と得られる。ここで，ω は単位時間当りの角変位の変化量であり

$$\omega = \frac{d\theta}{dt} \quad (2.30)$$

と定義される**角速度**（angular velocity）である。角速度は，角変位が無次元であることから

$$(\text{角速度}) = \frac{(\text{角変位})}{[\text{時間}]} = \frac{1}{[\text{時間}]}$$

の次元を持つ。さらに速度を時間で微分することにより，加速度が

$$\boldsymbol{a}(t) = \frac{d\boldsymbol{v}}{dt} = r\omega^2\left\{\begin{array}{c} -\cos\theta(t) \\ \sin\theta(t) \end{array}\right\} \quad (2.31)$$

と得られる。ここで，等速円運動なので，角速度 ω が一定，すなわち角速度の時間微分が 0 であることを用いた。得られた加速度を運動方程式に代入し，式 (2.28) を考慮すると

$$\boldsymbol{f}(t) = m\boldsymbol{a}(t) = mr\omega^2\left\{\begin{array}{c} -\cos\theta(t) \\ -\sin\theta(t) \end{array}\right\} = -m\omega^2\boldsymbol{x}(t) \quad (2.32)$$

を得る。以上から，等速円運動をする質点には，質点の位置ベクトルと逆向きの力が作用していることがわかる。この力は，つねに回転の中心を向くことか

---

† 角度は，単位として〔rad〕（ラジアン）や〔度〕などがあるが，あくまで弧の長さと半径の比なので，次元は持たない。

ら，**向心力**（centripetal force）と呼ばれる．ここでは，ひもの張力が向心力になっている．

図 2.6 (b) には，時刻と質点の位置の y 方向成分の関係を示した．式 (2.28) からもわかるように，質点の位置の y 方向成分は

$$x_y = r \sin \omega t \tag{2.33}$$

であり，周期関数である三角関数を含むので，ある周期の変化を規則的に繰り返す．単位時間当りの角変位は角速度 ω なので，その周期 T は

$$T = \frac{2\pi}{\omega} \tag{2.34}$$

である．ここで示した，等速円運動をする質点の位置のある方向の成分[†]のように，単一の三角関数で表される運動を**単振動**（simple harmonic motion）という．式 (2.33) における r を単振動の**振幅**（amplitude）といい，ωt を**位相**（phase）という．単振動は，ばねや振り子の運動など，力学で扱うさまざまな現象の運動の基本となる．

先の〔1〕では，与えられた力をもとに質点の運動を解析した．ここでは逆に，質点の運動をもとに必要な力を求めた．質点が運動するためには力は必要であるが，解析対象となっている現象において，必ずしも力が既知で運動が未知であるとは限らない．運動方程式は，あくまでも力と質量×加速度が等しいといっているにすぎず，どちらが主でどちらが従ということはない．

〔**3**〕 **ばねに固定された質点**　　図 **2.7** に示すように，重力の影響を受けない x-y 平面上の質量 m の質点が，壁に固定されたばね定数 k のばねに固定されている状況を考えよう．簡単のために質点の運動は 1 次元に限定し，質点の

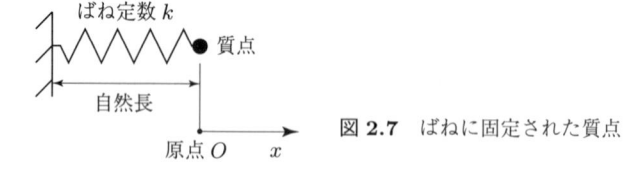

図 **2.7**　ばねに固定された質点

[†] 「位置のある方向の成分」を「射影」ともいう．

2.3 質点の運動

位置を x で表して，ばねが自然長のときの質点の位置を原点，ばねが伸びる向きを x の正の向きとする．時刻 $t=0$ において質点の位置は $x=x_0$，速度は $v=0$ とする．ばねが自然長のときの質点の位置を原点としたので，質点の位置とばねの伸びは等しくなり，質点がばねから受ける力は $-kx$ となる．よって，位置で表した質点の運動方程式は

$$-kx = m\frac{\mathrm{d}^2 x}{\mathrm{d}t^2} \tag{2.35}$$

となる．上式は x に関する 2 階の**線形常微分方程式** (linear ordinary differential equation) であり，x と x の導関数が含まれるので，先の〔1〕のときのように時間で積分することはできない．常微分方程式の解法については専門書に譲るが

$$x = e^{\lambda t} \tag{2.36}$$

とおいて，運動方程式 (2.35) に代入すると

$$\left(m\lambda^2 + k\right) e^{\lambda t} = 0 \tag{2.37}$$

となり

$$\lambda = \pm \mathrm{i}\omega \tag{2.38}$$

を得る．ここで，i は虚数単位，ω は

$$\omega = \sqrt{\frac{k}{m}} \tag{2.39}$$

とした．したがって

$$x = c_1 e^{\mathrm{i}\omega t} + c_2 e^{-\mathrm{i}\omega t} = c_1' \cos\omega t + c_2' \mathrm{i}\sin\omega t \tag{2.40}$$

である．ここで，c_1, c_2, c_1', c_2' は未定定数であり，オイラーの公式[†]

$$e^{\mathrm{i}\omega t} = \cos\omega t + \mathrm{i}\sin\omega t \tag{2.41}$$

[†] オイラーの公式から得られる等式 $e^{\mathrm{i}\pi} = -1$ は，虚数 i，大きさ 1 の負の数，無理数であるネイピア数 e，円周率 π が関係付けられる美しい式であると著者は思う．しかしながら，その意味を自分なりに理解するには非常に苦労した思い出がある．興味のある読者は，参考文献 3),4) を参照されたい．

を用いた．未定定数は，$t = 0$ における質点の状態，すなわち初期条件によって決定される．解 (2.40) を時間で微分することにより

$$\frac{dx}{dt} = v = -c'_1 \omega \sin \omega t + c'_2 \omega \mathrm{i} \cos \omega t \tag{2.42}$$

を得る．式 (2.40) および式 (2.42) に初期条件を代入すると

$$x(0) = c'_1 = x_0 \tag{2.43}$$

$$v(0) = c'_2 \omega \mathrm{i} = 0, \quad c'_2 = 0 \tag{2.44}$$

を得る．以上から，質点の位置は

$$x(t) = x_0 \cos \omega t \tag{2.45}$$

となる．cos は周期 2π の周期関数なので，質点の位置は**周期**（period）

$$T = \frac{2\pi}{\omega} \tag{2.46}$$

の周期関数である．また，**振動数**（frequency）f は

$$f = \frac{1}{T} = \frac{\omega}{2\pi} \tag{2.47}$$

である．ここで，ω は角速度であるが，振動問題の場合では特に**角振動数**（angular frequency）と呼ばれる．

式 (2.45) で求められた質点の位置は，〔2〕で学んだ等速円運動する質点の位置と同様に三角関数で表されていることから，ばねで固定される質点の運動もまた単振動であることがわかる．また，〔2〕では sin で表されていたが，式 (2.45) の cos は

$$x_0 \cos \omega t = x_0 \sin \left(\omega t + \frac{\pi}{2} \right) \tag{2.48}$$

のように sin で表されることから，振幅と位相は異なるが，両者は本質的には同じ運動である．ここで，質点の速度は式 (2.42) より

$$\frac{dx}{dt} = v = -x_0 \omega \sin \omega t = x_0 \omega \sin (\omega t + \pi) \tag{2.49}$$

であり，加速度は上式を時間で微分することで

$$\frac{dv}{dt} = a = -x_0 \omega^2 \cos\omega t = x_0 \omega \sin\left(\omega t + \frac{3\pi}{2}\right) \tag{2.50}$$

となる。ここで求めた質点の位置・速度・加速度を，**図 2.8** に示す。この図からもわかるように，単振動において，速度および加速度もまた三角関数で表され，速度は位置に対して位相が $\frac{\pi}{2}$ だけ進んでおり，さらに加速度は速度に対して位相が $\frac{\pi}{2}$ だけ進んでいる。

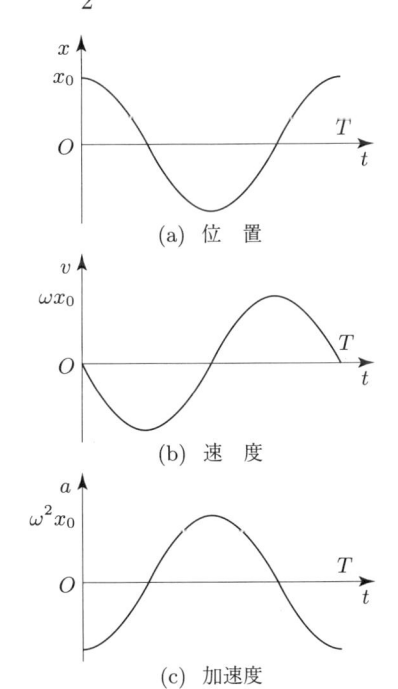

図 2.8 ばねに固定された質点の位置・速度・加速度

最後に，本例で登場した物理量の次元を確認しておこう。まず，ばね定数 k は，単位の伸びを生じさせるために必要な力であるから

$$（ばね定数）= \frac{（力）}{（伸び）} = \frac{[質量]\cdot[長さ]}{[時間]^2} \frac{1}{[長さ]} = \frac{[質量]}{[時間]^2}$$

の次元を持つ。なお，ばね定数の単位はその次元より〔kg/s^2〕だが，ばね定数は単位長さだけばねを変化させるために必要な力であるから，〔N/m〕を用い

ることもある。一方，角振動数 ω はその定義式 (2.39) から

$$(\text{角振動数}) = \sqrt{\frac{(\text{ばね定数})}{[\text{質量}]}} = \sqrt{\frac{[\text{質量}]}{[\text{時間}]^2}\frac{1}{[\text{質量}]}} = \frac{1}{[\text{時間}]}$$

の次元を持つことがわかる。周期 T はその定義式 (2.46) から，角振動数の逆数，すなわち時間の次元を持ち，振動数 f は式 (2.47) より角振動数と同じ次元を持つことがわかる。角振動数および振動数の単位はその次元から〔1/s〕となるが，角度に〔rad〕を用いる場合の角振動数の単位は〔rad/s〕となる。また，振動数の単位には，固有の〔Hz〕（ヘルツ）を用いることもできる。

2.3.2 質点系の運動

二つ以上の質点が，たがいになんらかの影響を及ぼし合いながら運動することを想定する†。このような系を**質点系**（system of particles）と呼ぶ。特に，質点が一つだけの質点系を 1 質点系と呼んだり，複数の質点からなる質点系を多質点系と呼んだりすることもある。

簡単のために，万有引力のような力をたがいに及ぼし合う二つの質点 A, B からなる質点系を考える。いま，質点 A が質点 B に及ぼす力を f_{AB}，質点 B が質点 A に及ぼす力を f_{BA} とする。このたがいに及ぼす力は万有引力に限定しないが，作用・反作用の法則により，質点 B が質点 A に及ぼす力は，質点 A が質点 B に及ぼす力と同じ大きさで向きが逆になっているので

$$f_{BA} = -f_{AB} \tag{2.51}$$

が成り立つ。また，質点 A, B にはそれぞれ外部から力 f_A と f_B が作用しているとしよう。なお，質点間に作用する力 f_{AB}, f_{BA} のように系の内部で及ぼし合う力のことを**内力**（internal force）と呼ぶ。それに対して，f_A と f_B のように系の外部から独立に作用する力を**外力**（external force）と呼ぶ。

準備が整ったところで，質点 A, B の運動方程式を書いてみると，それぞれ

---

† なんらかの影響を及ぼし合うとは，万有引力や衝突などにより，力（作用・反作用）のやりとりがあることを意味する。

2.3 質点の運動

$$\bm{f}_{BA} + \bm{f}_A = m_A \bm{a}_A \tag{2.52}$$

$$\bm{f}_{AB} + \bm{f}_B = m_B \bm{a}_B \tag{2.53}$$

となる．ここで，質点 A, B の質量をそれぞれ m_A, m_B，質点 A, B の加速度をそれぞれ $\bm{a}_A, \bm{a}_B$ とした．辺々を足し合わせると

$$\bm{f}_{BA} + \bm{f}_{AB} + \bm{f}_A + \bm{f}_B = m_A \bm{a}_A + m_B \bm{a}_B \tag{2.54}$$

となる．ここから，作用・反作用の法則より得られる式 (2.51)，および，質点 A, B の加速度を，質点 A, B の位置 $\bm{x}_A, \bm{x}_B$ を用いて

$$\bm{a}_A = \frac{\mathrm{d}^2 \bm{x}_A}{\mathrm{d}t^2}, \quad \bm{a}_B = \frac{\mathrm{d}^2 \bm{x}_B}{\mathrm{d}t^2} \tag{2.55}$$

と表すことにする．すると，二つの質点の運動方程式 (2.54) は

$$\bm{f}_A + \bm{f}_B = m_A \frac{\mathrm{d}^2 \bm{x}_A}{\mathrm{d}t^2} + m_B \frac{\mathrm{d}^2 \bm{x}_B}{\mathrm{d}t^2} \tag{2.56}$$

となる．ここで，考えている質点系を巨視的に捉えてみよう．巨視的に捉えるとは，個々の質点ではなく，質点系全体としてどのような運動をしているかを考えるということである．運動方程式 (2.56) において，系全体に作用している外力 $\bm{f}$ を，個々の質点に作用している外力の和として

$$\bm{f} = \bm{f}_A + \bm{f}_B \tag{2.57}$$

と定義する．さらに，系全体の質量 m を個々の質量の和として

$$m = m_A + m_B \tag{2.58}$$

と定義する．これらを用いて運動方程式 (2.56) を書き直すと

$$\bm{f} = m \frac{1}{m} \left(m_A \frac{\mathrm{d}^2 \bm{x}_A}{\mathrm{d}t^2} + m_B \frac{\mathrm{d}^2 \bm{x}_B}{\mathrm{d}t^2} \right) \tag{2.59}$$

となる．ここで

$$\frac{\mathrm{d}^2 \bm{x}_g}{\mathrm{d}t^2} = \frac{1}{m} \left(m_A \frac{\mathrm{d}^2 \bm{x}_A}{\mathrm{d}t^2} + m_B \frac{\mathrm{d}^2 \bm{x}_B}{\mathrm{d}t^2} \right) \tag{2.60}$$

すなわち

$$x_g = \frac{m_A x_A + m_B x_B}{m} \tag{2.61}$$

とすれば，運動方程式 (2.59) は

$$f = m\frac{d^2 x_g}{dt^2} \tag{2.62}$$

となる。上式が目的だった質点系の巨視的な運動方程式である。この過程で式 (2.61) により定義した x_g は，質点 A, B の位置の，質量による**重み付き平均** (weighted average) となっており，**質量中心** (center of mass) と呼ばれる。質量中心の次元は，その定義から

$$(質量中心) = \frac{[質量]\cdot(位置)}{[質量]} = \frac{[質量]\cdot[長さ]}{[質量]} = [長さ]$$

となる。

　ここまで，二つの質点からなる質点系の運動方程式について学んだ。任意の n 個の質点からなる質点系では，質点 i に作用する外力を f_i，質量を m_i，位置を x_i としたときに，質点系に作用する力 f，質点系の質量 m，質量中心 x_g を

$$f = \sum_{i=1}^{n} f_i, \quad m = \sum_{i=1}^{n} m_i, \quad x_g = \frac{1}{m}\sum_{i=1}^{n} m_i x_i \tag{2.63}$$

と定義すると，質点系の運動方程式 (2.62) が成り立つ。運動方程式 (2.62) からわかるように，質量中心の運動は外力にのみ依存し，内力には無関係である。質点の運動方程式と同様に，作用する外力は，質点系の全質量と質量中心の加速度の積に等しい。したがって，外力が作用しない質点系の質量中心は，等速直線運動をする。

　質点系の運動方程式を，質点の運動方程式 $f = ma$ と同じような形式にすることによって，質量中心を定義した。このことに関して，あるいは式 (2.59) の誘導をやや強引に感じる読者もいるかもしれない。もう少し質量中心について考えてみよう。ここでは，質量中心となる点が存在するとして，各質点の位置を，質量中心を基準に r_i とする。各質点の原点を基準とした位置 x_i は，質量中心の位置 x_g を用いて

$$\boldsymbol{x}_i = \boldsymbol{x}_\mathrm{g} + \boldsymbol{r}_i \tag{2.64}$$

と表される．この関係を質量中心の定義式 (2.63) に代入すると

$$\begin{aligned}
\boldsymbol{x}_\mathrm{g} &= \frac{1}{m} \sum_{i=1}^{n} m_i \left(\boldsymbol{x}_\mathrm{g} + \boldsymbol{r}_i \right) \\
&= \frac{1}{m} \left(\boldsymbol{x}_\mathrm{g} \sum_{i=1}^{n} m_i + \sum_{i=1}^{n} m_i \boldsymbol{r}_i \right) \\
&= \boldsymbol{x}_\mathrm{g} + \frac{1}{m} \sum_{i=1}^{n} m_i \boldsymbol{r}_i
\end{aligned} \tag{2.65}$$

となり，すなわち

$$\sum_{i=1}^{n} m_i \boldsymbol{r}_i = \boldsymbol{0} \tag{2.66}$$

を得る．つまり，質量中心とは，その点を基準とした各質点の位置の，質量を重みとした重み付き平均がちょうどゼロになるような点であることがわかる．

ばねでつながれた二つの質点の運動 質点系の運動の例として，図 **2.9** に示すような，質量を無視できるばね定数 k のばねでつながれた二つの質点の 1 次元の運動を考えよう．この質点系の状態を表すために必要な変数は二つの質点の位置であり，1 次元問題なので 2 自由度ということになる．

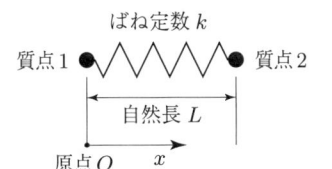

図 **2.9** ばねでつながれた二つの質点

滑らかで水平な x-y 平面の x 軸に沿って，ばねが自然長 L で置かれ，ばねの両端に質量 m_1, m_2 の質点 1, 2 が固定されている．質点 1 の位置を x 軸の原点とし，質点 2 は質点 1 よりも x 軸の正方向にあり，二つの質点とばねは x 軸方向にのみ運動をするとする．時刻ゼロにおいて，質点 1 に速度 v_0 を与えた．このときの二つの質点の運動を解析しよう．

質点 1, 2 の位置をそれぞれ x_1, x_2 とすると，初期条件から

$$x_1(0) = 0, \quad x_2(0) = L \tag{2.67}$$

である。ばねの伸び δ を質点の位置で表すと

$$\delta = x_2 - x_1 - L \tag{2.68}$$

となる。ばねが伸びたときに，質点 1 は右向きの力，質点 2 は左向きの力を受けることに注意して，それぞれの質点の運動方程式を書くと

$$k(x_2 - x_1 - L) = m_1 \frac{\mathrm{d}^2 x_1}{\mathrm{d}t^2} \tag{2.69}$$

$$-k(x_2 - x_1 - L) = m_2 \frac{\mathrm{d}^2 x_2}{\mathrm{d}t^2} \tag{2.70}$$

となる。上式の左辺は質点がたがいに及ぼし合う力，すなわち内力となっており，ここで考えている質点系に外力は存在しない。辺々を加えることにより，式 (2.63) に示す質量中心の運動方程式が得られることはすでに述べたとおりである。なお，ここでの質点系の全質量は

$$m = \sum_{i=1}^{2} m_i = m_1 + m_2 \tag{2.71}$$

であり，質量中心は

$$x_{\mathrm{g}} = \frac{m_1 x_1 + m_2 x_2}{m} \tag{2.72}$$

である。質点系の運動方程式は，これらを用いて

$$0 = m \frac{\mathrm{d}^2 x_{\mathrm{g}}}{\mathrm{d}t^2} \tag{2.73}$$

となり，質点系の質量中心は等速直線運動をすることがわかる。なお，このときの質量中心の速度 v_{g} は

$$v_{\mathrm{g}} = \frac{\mathrm{d}x_{\mathrm{g}}}{\mathrm{d}t} = \frac{\mathrm{d}}{\mathrm{d}t}\left(\frac{m_1 x_1 + m_2 x_2}{m}\right) = \frac{m_1 v_1 + m_2 v_2}{m} \tag{2.74}$$

のように，質量 1, 2 の速度 v_1, v_2 の重み付き平均で表される。ここで考えている質点系の質量中心は等速直線運動をするので，その速度は時刻ゼロの速度と同じになり，初期条件より

$$v_{\text{g}} = v_{\text{g}}(0) = \frac{m_1 v_0}{m} \tag{2.75}$$

となる．

　ここまでで，系の状態を表す2変数のうち一つの変数を求めることができた．この系を完全に解析するには，もう一つの変数を求めなければならない．もう一つの変数は，どちらかの質点の位置でもよいし，質量中心のように，二つの質点の位置を組み合わせた量でもよい．ばねの伸びは二つの質点の位置の差によって生じるので，ばねの伸び $\delta = x_2 - x_1 - L$ を変数に選び，解析を進めてみよう．質点2の運動方程式(2.70)を辺々 m_2 で割って，質点1の運動方程式(2.69)を辺々 m_1 で割った式を引くと

$$-\left(\frac{k}{m_1} + \frac{k}{m_2}\right)(x_2 - x_1 - L) = \frac{\mathrm{d}^2 x_2}{\mathrm{d}t^2} - \frac{\mathrm{d}^2 x_1}{\mathrm{d}t^2} \tag{2.76}$$

を得る．ばねの伸び δ を用いて上式を書き直すと

$$-k\left(\frac{1}{m_1} + \frac{1}{m_2}\right)\delta = \frac{\mathrm{d}^2 \delta}{\mathrm{d}t^2} \tag{2.77}$$

となる．ここで

$$m' = \left(\frac{1}{m_1} + \frac{1}{m_2}\right)^{-1} \tag{2.78}$$

とおくと，運動方程式(2.77)は

$$-k\delta = m' \frac{\mathrm{d}^2 \delta}{\mathrm{d}t^2} \tag{2.79}$$

となり，2.3.1項〔3〕で述べた1質点ばね系と同じ関係が得られる．したがって，ばねの伸び $\delta = x_2 - x_1 - L$ は，角振動数

$$\omega = \sqrt{\frac{k}{m'}} = \sqrt{k\left(\frac{1}{m_1} + \frac{1}{m_2}\right)} \tag{2.80}$$

で単振動する．式(2.78)で定義される m' を**換算質量**（reduced mass）と呼ぶ．換算質量は二つの質点の相対運動に対する質量（運動のしづらさ）を意味し，質点1，2の質量の調和平均の $\frac{1}{2}$ となっている．

演 習 問 題

[2.1] ある質点の位置が $x = c_2 t^2 - c_3 t^3$ で与えられている。定数 c_2, c_3 の次元を求めよ。

[2.2] ある質点の位置が $x = 60 c_1 t - 16 c_2 t^2 + c_3 t^3$ で与えられている。任意の時刻 t での速度および加速度を求めよ。また，定数 c_1, c_2, c_3 がすべて単位だった場合の位置，速度，加速度をそれぞれグラフに表せ。

[2.3] 時刻 0 から t まで速度ベクトルを積分することにより，時刻 0 を基準とした時刻 t における変位ベクトルが得られることを確認せよ。

[2.4] 図 2.3 に示した等速直線運動，等速円運動，放物運動のホドグラフを描き，それぞれの運動でホドグラフがどのような形状になるか確認せよ。

[2.5] 質量 m の質点に二つの力 $\boldsymbol{f}_1, \boldsymbol{f}_2$ が作用している。この質点の加速度を求めよ。

[2.6] [2.5] において，質量 m が $10\,\mathrm{kg}$ であり，それぞれの力ベクトルの x-y-z 座標系成分が

$$\boldsymbol{f}_1 = \left\{ \begin{array}{c} 10 \\ 20 \\ 30 \end{array} \right\} [\mathrm{N}], \quad \boldsymbol{f}_2 = \left\{ \begin{array}{c} -20 \\ 0 \\ -20 \end{array} \right\} [\mathrm{N}] \tag{2.81}$$

であるとき，質点の加速度の x-y-z 成分を求めよ。また，質量が 10 倍の $100\,\mathrm{kg}$ であるとき，加速度の各成分は何倍になるか。

[2.7] 等速円運動する質点とばねに固定された質点は，ともに単振動をすることがわかった。両者は一見まったく異なる運動であるが，質点に作用する力に共通点がある。どのような共通点があるか説明せよ。

[2.8] 質量の無視できる長さ L の棒の上端が回転できるように固定され，下端に質量 m の質点が固定されている振り子がある。重力加速度を g として，質点の変位が棒の長さ L に比べて十分に小さいとき，この振り子が単振動することを示せ。また，そのときの周期を求めよ。

[2.9] 2.3.2 項の例題「ばねでつながれた二つの質点の運動」で，質点 1 の質量に対する質点 2 の質量の比 $\dfrac{m_2}{m_1}$ が与えられたとき，この質点系の質量中心を求めよ。

[2.10] 2.3.2 項の例題「ばねでつながれた二つの質点の運動」で出てきた換算質量と質点 1 の質量の比 $\dfrac{m'}{m_1}$ と，二つの質点の質量比 $\dfrac{m_2}{m_1}$ の関係をグラフに表せ。

3章 観測者と慣性力

◆本章のテーマ

　これまでは，質点の運動を観察するときに，観測者が静止していることを暗黙のうちに想定していた。観測者とは，観測枠と考えてもよいし，運動を計測する座標系と考えてもよいだろう。観測者が静止しておらず，運動している場合，観測される質点の運動は，観測者に対する相対的な位置や速度によって記述される。前章で学んだ慣性の法則は，ある意味ではごく当たり前のことのように思うかもしれない。しかし，発進するために加速をしている乗り物の中では，力は作用していないはずなのに，乗り物の中で同じ位置に留まろうとすると後ろ向きの力を受けているように感じるだろう。このような見かけ上の力を慣性力という。ここでは，いくつかの代表的な運動をする観測者と，運動をする観測者から見た運動の法則と慣性力について学ぶ。

◆本章の構成（キーワード）

3.1 慣性系
　　　観測者，慣性の法則，運動方程式
3.2 加速する観測者から見た運動
　　　慣性の法則，運動方程式，慣性力
3.3 回転する観測者から見た運動
　　　慣性の法則，運動方程式，座標変換，遠心力，コリオリの力

◆本章を学ぶと以下の内容をマスターできます

- 観測者と座標系の関係
- 慣性系でない座標系での運動方程式には，慣性力と呼ばれる見かけの力が現れる
- 場合によっては，慣性系でない座標系を用いたほうが運動を簡潔に記述できる
- 慣性力・遠心力・コリオリの力とはなにか

3.1 慣性系

慣性系（inertial system）とは，観測者すなわち運動を観測する座標系が，ある一定の速度で直線運動をしている場合のことである。一定の速度で直線運動をしているということには，当然静止していることも含まれる。先に述べた運動の3法則は，慣性系でのみ成り立つ。

観測者が一定の速度で直線運動しているときに観測される運動が，観測者が静止しているときに観測される運動と同じであることは，直感的に理解しづらいかもしれない。しかし，よくよく考えてみると，そもそも絶対的に静止していることを定義するのは難しいと気づくだろう。静止とは，あくまで相対的な意味でしかいえない。例えば，われわれが地上でじっとしているときは，確かに静止しているように思える。しかし，地球は自転もしているし公転もしているため，かなり速い速度[†1]で運動している。しかし，普段そのようなことを意識することはないし，そもそもわれわれは速度を感じることはできない。さらに，地球の自転も公転も回転運動であるので，厳密には慣性系とはいえないが，その影響はきわめて小さいので無視できる場合が多い。

以下ではいくつかの例を述べるが，話を簡単にするために，本節のいずれの例においても，運動がある方向に制限されている1次元の問題を考えることとする。

3.1.1 静止した質点の運動方程式

水平な床の上に質量 m の質点が静止しているとしよう。床の上に立っている（動かない）観測者1（O_1）から見た質点の位置を x_0 とする[†2]。任意の時刻 t

---

[†1] 自転による地表面の速度は，著者の住んでいる仙台（北緯38度）でおよそ 1 300 km/h である。さらに，公転による速度はおよそ 107 000 km/h である。ちなみに音速はおよそ 1 200 km/h である。

[†2] 位置や速度はベクトルなので，本来は太字で表されるべきである。しかし，ここでは1次元問題に限定しているので，位置や速度を細字で表している。細字で表しているとはいっても，正負の符号による向きの情報は持っているので，ここでの議論を2次元や3次元問題に拡張したい場合は，単に細字を太字のベクトルに置き換えればよい。

3.1 慣性系

における質点の位置を $x(t)$ とすると,質点は動かないので $x(t) = x_0$ である。観測者1から見て,この質点について,「力は作用しておらず[†],一直線上を同じ速度(静止しているのでゼロ)で動き続ける」という慣性の法則が成り立つ。つまり,観測者1すなわち静止した座標系は,慣性系である。この系において質点の運動方程式を書くと,加速度 $a(t)$ は

$$a(t) = \frac{d^2 x_0}{dt^2} = 0 \tag{3.1}$$

なので

$$0 = m \cdot 0 \tag{3.2}$$

となり,矛盾は生じない。

つぎに,床の上を一定の速度 v_2 で運動している観測者2(O_2)を考える。図 **3.1** (a) に示すように,観測者2は時刻 $t = 0$ に観測者1と同じ位置にいたとし,観測者と質点の衝突は考えないこととする。

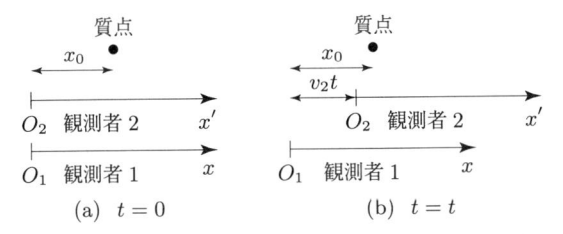

図 **3.1** 一定の速度で運動する観測者2と質点の位置

この観測者2は,図3.1 (b) に示すように,任意の時刻 t において初めの位置から $v_2 t$ だけ移動しているので,観測者2から見た任意の時刻における質点の位置 $x'(t)$ は

$$x'(t) = x_0 - v_2 t \tag{3.3}$$

[†] 質点が重力のある場に置かれていれば重力が作用するが,質点が静止しているということは,床からその反作用を受けて力はつり合っているということであり,その場合は外力の総和はゼロとなる。

である。これより，速度 $v(t)$ は

$$v(t) = \frac{\mathrm{d}x'}{\mathrm{d}t} = \frac{\mathrm{d}}{\mathrm{d}t}(x_0 - v_2 t) = -v_2 \tag{3.4}$$

となり，定数であることがわかる。したがって，観測者2から見て，この質点について，やはり「力は作用しておらず，一直線上を同じ速度で動き続ける」という慣性の法則が成り立つ。つまり，観測者2すなわち一定の速度で運動している座標系もまた，慣性系である。また，加速度 $a'(t)$ は

$$a'(t) = \frac{\mathrm{d}^2 x'}{\mathrm{d}t^2} = \frac{\mathrm{d}^2}{\mathrm{d}t^2}(x_0 - v_2 t) = -\frac{\mathrm{d}v_2}{\mathrm{d}t} = 0 \tag{3.5}$$

となる。最後の等式は速度 v_2 が一定であることを利用した。これにより，運動方程式は

$$0 = m \cdot 0 \tag{3.6}$$

となり，やはり矛盾は生じない。

3.1.2　等速直線運動する質点の運動方程式

つぎは，滑らかで水平な床の上を，速度 v_0 で等速直線運動する質点について考えてみよう。床の上に立ち，動かない観測者1から見た時刻ゼロにおける質点の位置を x_0 とすると，任意の時刻における質点の位置は $x_0 + v_0 t$ である。任意の時刻 t での質点の速度を $v(t)$ とすると，質点は等速直線運動をしているので $v(t) = v_0$ である。観測者1から見て，この質点について，「力は作用しておらず，一直線上を同じ速度で動き続ける」という慣性の法則が成り立つ。つまり，観測者1すなわち静止した座標系は，慣性系である。

つぎに，床の上を一定の速度 v_2 で運動している観測者2について考える。観測者2は，時刻 $t = 0$ で観測者1と同じ位置にいたとし，観測者と質点の衝突は考えないこととする。この観測者2から見た任意の時刻における質点の位置 $x'(t)$ は

$$x'(t) = x_0 + v_0 t - v_2 t \tag{3.7}$$

である．したがって，観測者 2 から見た質点の速度 $v'(t)$ は

$$v'(t) = \frac{dx'}{dt} = \frac{d}{dt}(x_0 + v_0 t - v_2 t) = v_0 - v_2 \tag{3.8}$$

である．したがって，観測者 2 から見て，この質点についてやはり，「力は作用しておらず，一直線上を同じ速度で動き続ける」という慣性の法則が成り立つ．つまり，観測者 2 すなわち一定の速度で運動している座標系もまた，慣性系である．

3.1.3 二つの慣性系から見た質点の運動方程式

滑らかで水平な床の上で，質量 m の質点が力 $f(t)$ を受けて運動することを考えよう．床の上に立っていて動かない観測者 1 から見た質点の位置を x とする．任意の時刻 t における質点の位置を $x(t)$ とすると，質点の速度 $v(t)$ および加速度 $a(t)$ は

$$v(t) = \frac{dx}{dt}, \quad a(t) = \frac{d^2 x}{dt^2} \tag{3.9}$$

となる．観測者 1 の座標系は慣性系であるので，質点の運動方程式は

$$f(t) = ma(t) \tag{3.10}$$

である．

つぎに，床に対して一定の速度 v_2 で運動している観測者 2 を考える．観測者 2 の座標系もまた慣性系であることは前述のとおりである．したがって，運動方程式は

$$f(t) = ma'(t) \tag{3.11}$$

となる．ここで，a' は観測者 2 から見た質点の加速度である．観測者 2 は，時刻 $t = 0$ で観測者 1 と同じ位置にいたとすると，この観測者 2 から見た任意の時刻における質点の位置 $x'(t)$ は

$$x'(t) = x(t) - v_2 t \tag{3.12}$$

である。このとき，観測者 2 から見た質点の速度 $v'(t)$ および加速度 $a'(t)$ は

$$v'(t) = \frac{\mathrm{d}x'}{\mathrm{d}t} = \frac{\mathrm{d}}{\mathrm{d}t}(x(t) - v_2 t) = \frac{\mathrm{d}x}{\mathrm{d}t} - v_2 = v(t) - v_2 \tag{3.13}$$

$$a'(t) = \frac{\mathrm{d}v'}{\mathrm{d}t} = \frac{\mathrm{d}}{\mathrm{d}t}\left(\frac{\mathrm{d}x}{\mathrm{d}t} - v_2\right) = \frac{\mathrm{d}^2 x}{\mathrm{d}t^2} = a(t) \tag{3.14}$$

となる。したがって，ともに慣性系である観測者 1 と観測者 2 から見た質点の速度は，慣性系の相対的な速度（観測者 1 の速度と観測者 2 の速度の差）だけずれが生じるが，加速度は等しいことがわかった。

〔1〕 **質点の等加速度運動** 　質量 m の質点を地表面から速度 v_0 で鉛直上向きに投げ上げたとしよう。地表面に静止している観測者 1 がこの質点の運動を観察したとする。質点に作用する力が重力 mg のみであるとすると，質点の運動方程式は

$$mg = ma \tag{3.15}$$

である。ただし，鉛直下向きを座標 x の正の向きとした。この運動方程式を両辺 t で積分すると，質点の速度は

$$v(t) = gt + c \tag{3.16}$$

となる。ここで，c は積分定数であり，初期条件 $v(0) = -v_0$ より，$t = 0$ および $v = -v_0$ を上式に代入すると

$$c = -v_0 \tag{3.17}$$

となる。以上から，任意の時刻の質点の速度 $v(t)$ は

$$v(t) = gt - v_0 \tag{3.18}$$

となる。上式の両辺をさらに t で積分すると，質点の位置 $x(t)$ は

$$x(t) = \frac{1}{2}gt^2 - v_0 t + d \tag{3.19}$$

となる。ここで，d は積分定数であり，初期条件 $x(0) = 0$ より，$t = 0$ および $x = 0$ を上式に代入すると

3.1 慣性系

$$d = 0 \tag{3.20}$$

となる。以上から，任意の時刻の質点の速度は

$$x(t) = \frac{1}{2} g t^2 - v_0 t \tag{3.21}$$

となる。

ここで，鉛直方向に速度 v_2 で運動している観測者 2 を考える。観測者 2 は，時刻 $t = 0$ で観測者 1 と同じ位置，すなわち地表面にいたとする。この観測者 2 から見た任意の時刻における質点の位置 $x'(t)$ は

$$x'(t) - \frac{1}{2} g t^2 - v_0 t - v_2 t \tag{3.22}$$

である。このとき，観測者 2 から見た速度 $v'(t)$ および加速度 $a'(t)$ は

$$v'(t) = \frac{\mathrm{d}x'}{\mathrm{d}t} = \frac{\mathrm{d}}{\mathrm{d}t}\left(\frac{1}{2} g t^2 - v_0 t - v_2 t\right) = \frac{\mathrm{d}x}{\mathrm{d}t} - v_2 = v(t) - v_2 \tag{3.23}$$

$$a'(t) = \frac{\mathrm{d}v'}{\mathrm{d}t} = \frac{\mathrm{d}}{\mathrm{d}t}\left(\frac{\mathrm{d}x}{\mathrm{d}t} - v_2\right) = \frac{\mathrm{d}^2 x}{\mathrm{d}t^2} = a(t) \tag{3.24}$$

となる。これにより，運動方程式は

$$mg = ma' = ma \tag{3.25}$$

となり，観測者 1 から見た運動方程式と等しくなった。

以上，等加速度運動をする質点を例として見てきたが，静止した観測者と一定の速度で移動している観測者が観測する質点の速度について，つねに式 (3.23) の関係が成立することがわかった。すると，速度を微分した関係式 (3.24) より，両者の観測する加速度が等しくなることが示された。また，静止した観測者の座標系は慣性系であり，一定の速度で移動する観測者の座標系も慣性系であることが示された。

3.2　加速する観測者から見た運動

前節と同様に1次元問題を対象とし，図 3.2 (a) に示すように，床の上で静止している観測者1に対して一定の加速度 a_3 で運動している観測者3（O_3）を考えよう．

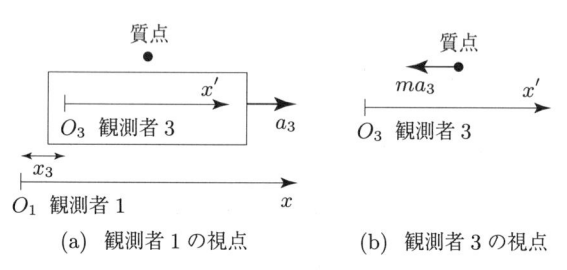

(a)　観測者1の視点　　(b)　観測者3の視点

図 3.2　加速度のある系において作用する慣性力

観測者3は，時刻 $t = 0$ で観測者1と同じ位置におり，このときの観測者3の速度を $v_3(0) = 0$ とする．観測者1に対する観測者3の任意の時刻 t における速度は $v_3(t) = a_3 t$ であり，同様に位置 x_3 は

$$x_3(t) = \frac{1}{2} a_3 t^2 \tag{3.26}$$

である．したがって，この観測者3から見た任意の時刻における質点の位置 $x'(t)$ は，観測者1から見た質点の位置 $x(t)$ に対して

$$x'(t) = x(t) - \frac{1}{2} a_3 t^2 \tag{3.27}$$

なる関係がある．同様に，観測者3から見た質点の速度 $v'(t)$ および加速度 $a'(t)$ は，観測者1から見た質点の速度 $v(t)$ および加速度 $a(t)$ に対して

$$v'(t) = \frac{\mathrm{d}x'}{\mathrm{d}t} = \frac{\mathrm{d}}{\mathrm{d}t}\left(x(t) - \frac{1}{2} a_3 t^2\right) = v(t) - a_3 t \tag{3.28}$$

$$a'(t) = \frac{\mathrm{d}v'}{\mathrm{d}t} = \frac{\mathrm{d}}{\mathrm{d}t}\left(\frac{\mathrm{d}x}{\mathrm{d}t} - a_3 t\right) = a(t) - a_3 \tag{3.29}$$

と関係付けられる．

3.2 加速する観測者から見た運動

かりに，観測者 1 から見て質点が等速直線運動をしていたとすると，$v(t)$ が定数なので $a(t) = 0$ となり

$$a'(t) = 0 - a_3 = -a_3 \tag{3.30}$$

となる．観測者 3 から見ると，質点に力が働いていないにもかかわらず，質点はもはや等速直線運動をしないことになり，慣性の法則と矛盾する．したがって，観測者 3 の座標系は慣性系ではないことが結論付けられる．

ここからは，質点が観測者 1 から見て等速直線運動をしていたという仮定を白紙に戻し，一般的な運動方程式を考えよう．観測者 1 における運動方程式 $f = ma$ に観測者 1, 3 の観測する加速度の関係式 (3.29) を代入すると

$$f = m(a' + a_3) \tag{3.31}$$

なる関係を得る．ニュートンの第 2 法則は成り立たないので，観測者 3 の座標系は慣性系ではないことが再確認できる．ここで，式 (3.31) で表される運動方程式をよく見てみよう．式 (3.31) を少し変形すると

$$f - ma_3 = ma' \tag{3.32}$$

を得る．質点に，実際に作用している力 f のほかに $-ma_3$ なる力が作用していると考えると，式 (3.31) はニュートンの運動方程式と同じ形式とみなすことができる．図 3.2 (b) に示すように，$-ma_3$（左向きに ma_3）は，加速度を伴って運動する観測者 3 の座標系において，ニュートンの運動方程式を成立させるために必要な見かけの力であり，**慣性力**（inertia force）と呼ばれる．加速度を有する観測者の具体的な例としては，本章の冒頭に述べたように電車や車などの乗り物に乗っている人が考えられる．電車や車が発進する際に，乗っている人は発進する方向と逆向きの力を受けるように感じるだろう．これが実感できる慣性力である．式からわかるように，慣性力は加速度に比例する．実際，電車がゆっくり発車するときより，車が急停止をしたときのほうが強い力を感じるだろう．

3.3 回転する観測者から見た運動

観測者の回転を考えるために,ここでは質点の運動を 2 次元で考えてみる。滑らかで水平な床の上で質量 m の質点が力 $\boldsymbol{f}(t)$ を受けて,床の上を 1 方向に限定することなく運動することを考えよう。床の上に立ち,動いたり回転したりしない観測者 1 から見た時刻 $t = 0$ における質点の位置を $\boldsymbol{x}_0$ とする。任意の時刻 t における質点の位置を $\boldsymbol{x}(t)$ とすると,質点の速度 $\boldsymbol{v}(t)$ および加速度 $\boldsymbol{a}(t)$ は

$$\boldsymbol{v}(t) = \frac{\mathrm{d}\boldsymbol{x}}{\mathrm{d}t}, \quad \boldsymbol{a}(t) = \frac{\mathrm{d}^2\boldsymbol{x}}{\mathrm{d}t^2} \tag{3.33}$$

となる。この系において質点の運動方程式は

$$\boldsymbol{f} = m\boldsymbol{a} \tag{3.34}$$

である。

つぎに,**図 3.3** に示すように,床に対して一定の角速度 ω_4 で回転している観測者 4 を考える。角速度や角度は反時計回りを正とする。観測者 4 は,時刻 $t = 0$ で観測者 1 と同じ位置におり,かつ,同じ向きを向いていたとする。

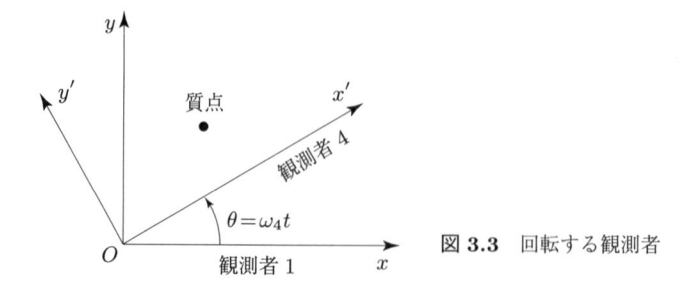

図 3.3 回転する観測者

観測者 1 の向きを基準とした観測者 4 の向きを $\theta(t)$ とすると,$\theta(0) = 0$ であり,$\dfrac{\mathrm{d}\theta}{\mathrm{d}t} = \omega_4$ である。質点の位置 $\boldsymbol{x}$ の,観測者 4 の x'-y' 座標系の成分と,観測者 1 の x-y 座標系成分の関係は,式 (1.40) に示した 2 次元の座標変換行列 $\boldsymbol{T}$ を用いて

$$\boldsymbol{x} = \left\{ \begin{array}{c} x_x \\ x_y \end{array} \right\} = \boldsymbol{T} \left\{ \begin{array}{c} x_{x'} \\ x_{y'} \end{array} \right\} \tag{3.35}$$

と表される。前述の並進移動する観測者 2, 3 と異なり，観測者 4 の座標系は回転のみをしている。したがって，位置ベクトルそのものは，動かない観測者 1 から見ても回転する観測者 4 から見ても同じである。あくまでも両観測者の座標系の成分が異なり，その関係も時間とともに変化することに注意しよう。

ここで，質点の位置ベクトルの観測者 1 の x-y 座標系と観測者 4 の x'-y' 座標系の成分の関係を表す式 (3.35) の両辺を時間で微分することにより

$$\frac{\mathrm{d}}{\mathrm{d}t} \left\{ \begin{array}{c} x_x \\ x_y \end{array} \right\} = \frac{\mathrm{d}}{\mathrm{d}t} \left(\boldsymbol{T} \left\{ \begin{array}{c} x_{x'} \\ x_{y'} \end{array} \right\} \right)$$

$$\left\{ \begin{array}{c} v_x \\ v_y \end{array} \right\} = \frac{\mathrm{d}\boldsymbol{T}}{\mathrm{d}t} \left\{ \begin{array}{c} x_{x'} \\ x_{y'} \end{array} \right\} + \boldsymbol{T} \frac{\mathrm{d}}{\mathrm{d}t} \left\{ \begin{array}{c} x_{x'} \\ x_{y'} \end{array} \right\}$$

$$= \frac{\mathrm{d}\boldsymbol{T}}{\mathrm{d}t} \left\{ \begin{array}{c} x_{x'} \\ x_{y'} \end{array} \right\} + \boldsymbol{T} \left\{ \begin{array}{c} v'_{x'} \\ v'_{y'} \end{array} \right\} \tag{3.36}$$

を得る。ここで，積の微分

$$\frac{\mathrm{d}}{\mathrm{d}t}(xy) = \frac{\mathrm{d}x}{\mathrm{d}t}y + x\frac{\mathrm{d}y}{\mathrm{d}t} \tag{3.37}$$

を用いた。式 (3.36) の最右辺第 2 項に含まれる

$$v'_{x'} = \frac{\mathrm{d}x_{x'}}{\mathrm{d}t}, \quad v'_{y'} = \frac{\mathrm{d}x_{y'}}{\mathrm{d}t} \tag{3.38}$$

は，あくまでも質点の位置の x'-y' 座標系成分の時間微分であり，回転する観測者 4 から見た質点の速度 $\boldsymbol{v}'$ の x'-y' 座標系の成分である[†]。したがって，$v'_{x'}$, $v'_{y'}$ は観測者 1 から見た質点の速度 $\boldsymbol{v}$ の x'-y' 座標系の成分とは異なることに注意しよう。さらに，式 (3.36) を時間で微分すると

$$\frac{\mathrm{d}^2}{\mathrm{d}t^2} \left\{ \begin{array}{c} x_x \\ x_y \end{array} \right\} = \frac{\mathrm{d}}{\mathrm{d}t} \left(\frac{\mathrm{d}\boldsymbol{T}}{\mathrm{d}t} \left\{ \begin{array}{c} x_{x'} \\ x_{y'} \end{array} \right\} + \left\{ \begin{array}{c} v'_{x'} \\ v'_{y'} \end{array} \right\} \right)$$

[†] 質点の位置ベクトルそのものは，観測者 1 から見ても観測者 4 から見ても同じであると先に述べたが，両観測者が観測する速度ベクトルは異なる。

$$\begin{Bmatrix} a_x \\ a_y \end{Bmatrix} = \frac{\mathrm{d}^2 \boldsymbol{T}}{\mathrm{d}t^2} \begin{Bmatrix} x_{x'} \\ x_{y'} \end{Bmatrix} + 2 \frac{\mathrm{d}\boldsymbol{T}}{\mathrm{d}t} \begin{Bmatrix} v'_{x'} \\ v'_{y'} \end{Bmatrix} + \boldsymbol{T} \frac{\mathrm{d}}{\mathrm{d}t} \begin{Bmatrix} v'_{x'} \\ v'_{y'} \end{Bmatrix}$$

$$= \frac{\mathrm{d}^2 \boldsymbol{T}}{\mathrm{d}t^2} \begin{Bmatrix} x_{x'} \\ x_{y'} \end{Bmatrix} + 2 \frac{\mathrm{d}\boldsymbol{T}}{\mathrm{d}t} \begin{Bmatrix} v'_{x'} \\ v'_{y'} \end{Bmatrix} + \boldsymbol{T} \begin{Bmatrix} a'_{x'} \\ a'_{y'} \end{Bmatrix}$$
(3.39)

となる．速度のときと同様に，上式の最右辺第3項に含まれる

$$a'_{x'} = \frac{\mathrm{d}v'_{x'}}{\mathrm{d}t}, \quad a'_{y'} = \frac{\mathrm{d}v'_{y'}}{\mathrm{d}t} \tag{3.40}$$

は，回転する観測者4から見た質点の速度 $\boldsymbol{v}'$ の x'-y' 座標系成分の時間微分であり，回転する観測者4から見た質点の加速度 $\boldsymbol{a}'$ の x'-y' 座標系の成分である．したがって，$a'_{x'}$, $a'_{y'}$ は観測者1から見た質点の加速度 $\boldsymbol{a}$ の x'-y' 座標系の成分とは異なることに注意しよう．

ここで，かりに質点が観測者1から見て速度 $\boldsymbol{v}_0$ で等速直線運動をしていたとすると，$\boldsymbol{v}$ が定数なので $\boldsymbol{a} = \boldsymbol{0}$ となり，式 (3.39) より

$$\begin{Bmatrix} 0 \\ 0 \end{Bmatrix} = \frac{\mathrm{d}^2 \boldsymbol{T}}{\mathrm{d}t^2} \begin{Bmatrix} x_{x'} \\ x_{y'} \end{Bmatrix} + 2 \frac{\mathrm{d}\boldsymbol{T}}{\mathrm{d}t} \begin{Bmatrix} v'_{x'} \\ v'_{y'} \end{Bmatrix} + \boldsymbol{T} \begin{Bmatrix} a'_{x'} \\ a'_{y'} \end{Bmatrix} \tag{3.41}$$

を得る．上式を，観測者4から見た加速度 $\boldsymbol{a}'$ の x'-y' 座標系成分について解くと

$$\begin{Bmatrix} a'_{x'} \\ a'_{y'} \end{Bmatrix} = -\boldsymbol{T}^{\mathrm{T}} \frac{\mathrm{d}^2 \boldsymbol{T}}{\mathrm{d}t^2} \begin{Bmatrix} x_{x'} \\ x_{y'} \end{Bmatrix} - 2 \boldsymbol{T}^{\mathrm{T}} \frac{\mathrm{d}\boldsymbol{T}}{\mathrm{d}t} \begin{Bmatrix} v'_{x'} \\ v'_{y'} \end{Bmatrix} \tag{3.42}$$

を得る．以上から，回転する観測者4から見ると，質点に力が働いていないにもかかわらず，質点の加速度はゼロではない．つまり，質点はもはや等速直線運動をしないことになり，慣性の法則と矛盾する．したがって，観測者4の座標系は慣性系ではないことが結論付けられる．

ここからは，質点が観測者1から見て等速直線運動をしていたという仮定を白紙に戻し，観測者4から見た質点の運動方程式を考えよう．観測者1から見た運動方程式 (3.34) に観測者1, 4から見た加速度の関係式 (3.39) を代入することにより，運動方程式は

3.3 回転する観測者から見た運動

$$\left\{\begin{array}{c} f_x \\ f_y \end{array}\right\} = m\left(\frac{\mathrm{d}^2\boldsymbol{T}}{\mathrm{d}t^2}\left\{\begin{array}{c} x_{x'} \\ x_{y'} \end{array}\right\} + 2\frac{\mathrm{d}\boldsymbol{T}}{\mathrm{d}t}\left\{\begin{array}{c} v'_{x'} \\ v'_{y'} \end{array}\right\} + \boldsymbol{T}\left\{\begin{array}{c} a'_{x'} \\ a'_{y'} \end{array}\right\}\right) \tag{3.43}$$

となる。上式を変形すると

$$\begin{aligned} m\left\{\begin{array}{c} a'_{x'} \\ a'_{y'} \end{array}\right\} &= \boldsymbol{T}^{\mathrm{T}}\left\{\begin{array}{c} f_x \\ f_y \end{array}\right\} - m\boldsymbol{T}^{\mathrm{T}}\frac{\mathrm{d}^2\boldsymbol{T}}{\mathrm{d}t^2}\left\{\begin{array}{c} x_{x'} \\ x_{y'} \end{array}\right\} - 2m\boldsymbol{T}^{\mathrm{T}}\frac{\mathrm{d}\boldsymbol{T}}{\mathrm{d}t}\left\{\begin{array}{c} v'_{x'} \\ v'_{y'} \end{array}\right\} \\ &= \left\{\begin{array}{c} f_{x'} \\ f_{y'} \end{array}\right\} - m\boldsymbol{T}^{\mathrm{T}}\frac{\mathrm{d}^2\boldsymbol{T}}{\mathrm{d}t^2}\left\{\begin{array}{c} x_{x'} \\ x_{y'} \end{array}\right\} - 2m\boldsymbol{T}^{\mathrm{T}}\frac{\mathrm{d}\boldsymbol{T}}{\mathrm{d}t}\left\{\begin{array}{c} v'_{x'} \\ v'_{y'} \end{array}\right\} \end{aligned} \tag{3.44}$$

となる。上式最右辺第 1 項は外力の観測者 4 の座標系の成分である。このように，観測者 4 の座標系は慣性系ではないので，ニュートンの第 2 法則も成り立たない。

ここで，式 (3.44) で表される運動方程式をよく見てみよう。加速度のある系から見たときの運動を考えたときと同様に，質点に実際に作用している力 $\boldsymbol{f}$ のほかに

$$-m\boldsymbol{T}^{\mathrm{T}}\frac{\mathrm{d}^2\boldsymbol{T}}{\mathrm{d}t^2}\left\{\begin{array}{c} x_{x'} \\ x_{y'} \end{array}\right\}, \quad -2m\boldsymbol{T}^{\mathrm{T}}\frac{\mathrm{d}\boldsymbol{T}}{\mathrm{d}t}\left\{\begin{array}{c} v'_{x'} \\ v'_{y'} \end{array}\right\} \tag{3.45}$$

なる二つの力が作用していると考えると，式 (3.44) はニュートンの運動方程式と形式的に同じとみなすことができる。ここで，2 次元の場合の座標変換行列 $\boldsymbol{T}$ は式 (1.40) で与えられることから，$\dfrac{\mathrm{d}\boldsymbol{T}}{\mathrm{d}t}$ は

$$\frac{\mathrm{d}\boldsymbol{T}}{\mathrm{d}t} = \frac{\mathrm{d}}{\mathrm{d}t}\left[\begin{array}{cc} \cos\theta & -\sin\theta \\ \sin\theta & \cos\theta \end{array}\right] = \omega_4\left[\begin{array}{cc} -\sin\theta & -\cos\theta \\ \cos\theta & -\sin\theta \end{array}\right] \tag{3.46}$$

と表せる。ここで，$\dfrac{\mathrm{d}\theta}{\mathrm{d}t} = \omega_4$ を用いた。同様に $\dfrac{\mathrm{d}^2\boldsymbol{T}}{\mathrm{d}t^2}$ は

$$\frac{\mathrm{d}^2\boldsymbol{T}}{\mathrm{d}t^2} = \frac{\mathrm{d}}{\mathrm{d}t}\left(\omega_4\left[\begin{array}{cc} -\sin\theta & -\cos\theta \\ \cos\theta & -\sin\theta \end{array}\right]\right)$$

$$= -\omega_4^2 \begin{bmatrix} \cos\theta & -\sin\theta \\ \sin\theta & \cos\theta \end{bmatrix} = -\omega_4^2 \boldsymbol{T} \qquad (3.47)$$

と表せる。ここで，ω_4 は定数であることを用いた。したがって，式 (3.45) に示した一つ目の見かけの力は

$$-m\boldsymbol{T}^{\mathrm{T}}\frac{\mathrm{d}^2\boldsymbol{T}}{\mathrm{d}t^2}\left\{\begin{array}{c} x_{x'} \\ x_{y'} \end{array}\right\} = m\omega_4^2 \boldsymbol{T}^{\mathrm{T}}\boldsymbol{T}\left\{\begin{array}{c} x_{x'} \\ x_{y'} \end{array}\right\} = m\omega_4^2 \left\{\begin{array}{c} x_{x'} \\ x_{y'} \end{array}\right\} (3.48)$$

となり，この力は図 3.4 に示すように観測者 4 の回転速度の 2 乗に比例し，かつ位置ベクトル $\boldsymbol{x}$ の大きさに比例する大きさを持つ，位置ベクトル $\boldsymbol{x}$ の向きの見かけの力である。これは，**遠心力** (centrifugal force) と呼ばれる慣性力である。

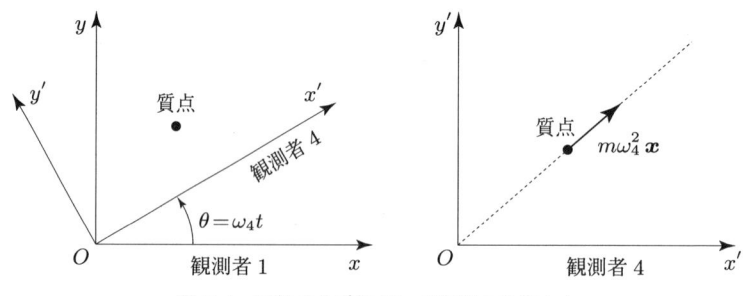

図 3.4 回転する系において作用する遠心力

つぎに，式 (3.45) に示した二つ目の見かけの力について考えてみよう。ここで，式 (3.46) に示した座標変換行列 $\boldsymbol{T}$ の時間微分に

$$-\sin\theta = \cos\left(\theta + \frac{\pi}{2}\right), \quad \cos\theta = \sin\left(\theta + \frac{\pi}{2}\right)$$

であることを考慮すると

$$\begin{aligned}\frac{\mathrm{d}\boldsymbol{T}}{\mathrm{d}t} &= \omega_4 \begin{bmatrix} -\sin\theta & -\cos\theta \\ \cos\theta & -\sin\theta \end{bmatrix} \\ &= \omega_4 \begin{bmatrix} \cos\left(\theta+\frac{\pi}{2}\right) & -\sin\left(\theta+\frac{\pi}{2}\right) \\ \sin\left(\theta+\frac{\pi}{2}\right) & \cos\left(\theta+\frac{\pi}{2}\right) \end{bmatrix} = \omega_4 \boldsymbol{T}\left(\theta+\frac{\pi}{2}\right)\end{aligned}$$

3.3 回転する観測者から見た運動

$$= \omega_4 \boldsymbol{T}(\theta) \boldsymbol{T}\left(\frac{\pi}{2}\right) \tag{3.49}$$

を得る．上式の誘導において，式 (1.41) に示された 2 次元の座標変換行列の性質を用いた．以上から，式 (3.45) に示した二つ目の見かけの力は

$$-2m\boldsymbol{T}^{\mathrm{T}}\frac{\mathrm{d}\boldsymbol{T}}{\mathrm{d}t}\left\{\begin{array}{c}v'_{x'}\\v'_{y'}\end{array}\right\} = -2m\omega_4 \boldsymbol{T}^{\mathrm{T}}(\theta)\boldsymbol{T}(\theta)\boldsymbol{T}\left(\frac{\pi}{2}\right)\left\{\begin{array}{c}v'_{x'}\\v'_{y'}\end{array}\right\}$$

$$= -2m\omega_4 \boldsymbol{T}\left(\frac{\pi}{2}\right)\left\{\begin{array}{c}v'_{x'}\\v'_{y'}\end{array}\right\} \tag{3.50}$$

と表せる．この力は図 **3.5** に示すように観測者 4 の回転速度に比例し，かつ観測者 4 から見た速度 $\boldsymbol{v}'$ に比例し，観測者 4 から見た速度 $\boldsymbol{v}'$ を $\pi/2$ すなわち $90°$ 時計回りに回転した向き[†]の見かけの力である．これは**コリオリの力**（Coriolis force）と呼ばれる慣性力である．観測者 4 から見た速度 $\boldsymbol{v}'$ に比例すると書いたように，観測者 4 から見て質点が静止している場合はコリオリの力は作用しない．

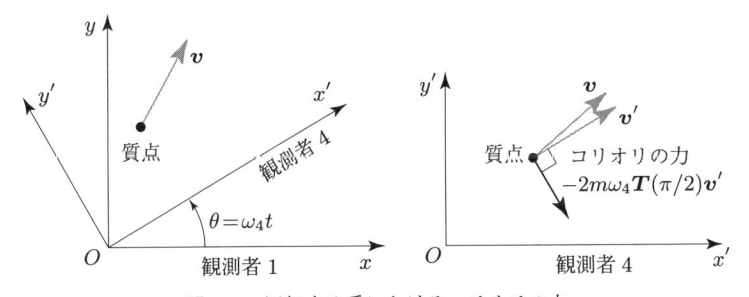

図 **3.5** 回転する系におけるコリオリの力

コリオリの力が作用する場合の具体例として，観測者 1 から見て等速運動をする物体を考えてみよう．図 **3.6** の左図には，観測者 1 から見て一定の速度ベクトルで運動する質点の時刻 $t_1 < t_2 < t_3$ での位置，およびそれぞれの時刻に

[†] 式 (3.50) に忠実に説明するなら，観測者 4 から見た速度 $\boldsymbol{v}'$ を $\pi/2$ 反時計回りに回転させた向きの逆向き，となる．$\pi/2$ 反時計回りに回転させた向きの逆向きは，$\pi/2$ 時計回りに回転させた向きである．

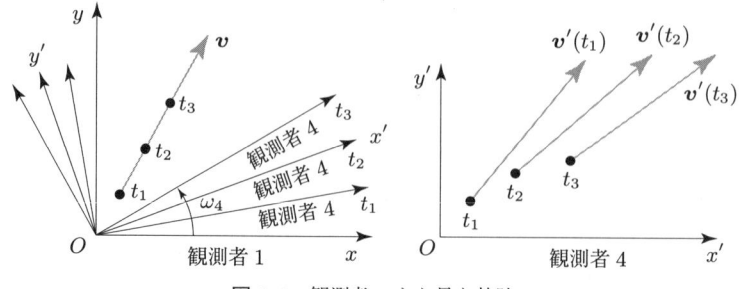

図 3.6 観測者 4 から見た軌跡

おける観測者 4 の向きが描かれている。右図には観測者 4 から見た時刻 t_1, t_2, t_3 における質点の位置と速度が示されている。反時計回りに回転する観測者 4 から見ると，図のように，質点の速度は速度に対して右側に変化し，軌跡も直線から進行方向右側にそれているように見える。質点は等速運動をしているので実際には力は作用していないが，観測者 4 から見ると，運動の方向を進行方向右向きに変化させようとする力が働いているように見える。これがコリオリの力である。コリオリの力は台風が渦を巻く原因となる力である。

以上，一定の速度で回転する観測者 4 から見た運動方程式を詳しく見てきたが，運動方程式 (3.44) は

$$\begin{Bmatrix} f_{x'} \\ f_{y'} \end{Bmatrix} - 2m\omega_4 \boldsymbol{T}\left(\frac{\pi}{2}\right)\begin{Bmatrix} v'_{x'} \\ v'_{y'} \end{Bmatrix} + m\omega_4^2 \begin{Bmatrix} x_{x'} \\ x_{y'} \end{Bmatrix} = m\begin{Bmatrix} a'_{x'} \\ a'_{y'} \end{Bmatrix} \tag{3.51}$$

と表されることがわかった。ここで，位置ベクトル $\boldsymbol{x}$ および外力ベクトル $\boldsymbol{f}$ そのものは観測者に依存しないことに注意しよう†。以下では，簡単な例によりさらに理解を深める。

まず，観測者 4 から見て質点が静止している，すなわち

---

† したがって，運動方程式 (3.51) の左辺第 1 項の $\boldsymbol{f}$ の成分 f には ′ が付いていない。左辺第 3 項の x, y には ′ が付いているが，あくまでも $\boldsymbol{x}$ の x'-y' 座標系成分という意味である。

3.3 回転する観測者から見た運動

$$\left\{ \begin{array}{c} v'_{x'} \\ v'_{y'} \end{array} \right\} = \left\{ \begin{array}{c} 0 \\ 0 \end{array} \right\} \tag{3.52}$$

である場合を考えよう．この場合，質点の位置ベクトルの観測者 4 の x'-y' 座標系成分は定数となるが，質点の位置ベクトルそのものは変化することに注意しよう．さて，上の条件から

$$\left\{ \begin{array}{c} a'_{x'} \\ a'_{y'} \end{array} \right\} = \left\{ \begin{array}{c} 0 \\ 0 \end{array} \right\} \quad \text{かつ} \quad \left\{ \begin{array}{c} v'_{x'} \\ v'_{y'} \end{array} \right\} = \left\{ \begin{array}{c} 0 \\ 0 \end{array} \right\} \tag{3.53}$$

であるから，式 (3.51) の左辺と右辺第 2 項はゼロとなる．したがって

$$\left\{ \begin{array}{c} f_{x'} \\ f_{y'} \end{array} \right\} + m\omega_4^2 \left\{ \begin{array}{c} x_{x'} \\ x_{y'} \end{array} \right\} = \left\{ \begin{array}{c} 0 \\ 0 \end{array} \right\} \tag{3.54}$$

を得る．これより，回転する観測者 4 から見て静止するには，遠心力と逆向きの外力が必要になることがわかる．

つぎに，観測者 4 から見て物体が一定の速度

$$\left\{ \begin{array}{c} v'_{x'} \\ v'_{y'} \end{array} \right\} = \left\{ \begin{array}{c} (v'_0)_{x'} \\ (v'_0)_{y'} \end{array} \right\} \tag{3.55}$$

で物体が移動しており，ちょうど回転の中心 $\boldsymbol{x} = \boldsymbol{0}$ に到達した瞬間を考えよう．この場合，観測者 4 から見た速度が一定なので

$$\left\{ \begin{array}{c} a'_{x'} \\ a'_{y'} \end{array} \right\} = \left\{ \begin{array}{c} 0 \\ 0 \end{array} \right\} \tag{3.56}$$

であるから，式 (3.51) の右辺はゼロとなる．また，物体の位置は $\boldsymbol{x} = \boldsymbol{0}$ なので，式 (3.51) の左辺第 3 項はゼロとなる．したがって

$$\left\{ \begin{array}{c} f_{x'} \\ f_{y'} \end{array} \right\} = 2m\omega_4 \boldsymbol{T}\left(\frac{\pi}{2}\right) \left\{ \begin{array}{c} (v_0)'_{x'} \\ (v_0)'_{y'} \end{array} \right\} \tag{3.57}$$

を得る．これより，回転する観測者 4 から見て等速直線運動をするには，コリオリの力と逆向きの外力が作用する必要があることがわかる．

演習問題

〔**3.1**〕 空間に固定された観測者に対し，加速度 a_1 で水平右向きに加速する列車の中にいる観測者の座標系を x'-y' 座標系とする。x' は水平右向き，y' は鉛直上向きを正とし，原点を列車の床の上に設定する。列車内にいる観測者が質点を高さ h のところから初速ゼロで静かに落下させた。重力加速度を g として，質点が列車の床に衝突する位置の x' 成分を求めよ。

〔**3.2**〕 地球を半径 $\dfrac{4.0 \times 10^7}{2\pi}$ 〔m〕の球と考え，自転の角速度を $\dfrac{2\pi}{24 \times 60 \times 60}$ 〔1/s〕とする。このとき，地球とともに回転する観測者から見た赤道上の質点に作用する遠心力による鉛直上向きの加速度の成分はいくらか。

〔**3.3**〕 地球が太陽を中心とした半径 1.5×10^{11} m の円周上を周期 365 日で公転しているとする。このとき，地球とともに太陽のまわりを回転する観測者から見た質点に作用する遠心力による加速度の大きさはいくらか。

〔**3.4**〕 北極上空をジェット機が 900 km/h で飛行している。このとき，地球とともに回転する観測者から見たジェット機に作用するコリオリの力による加速度の大きさはいくらか。

〔**3.5**〕 慣性力，遠心力，コリオリの力が力の次元を持っていることを確認せよ。

4章 仕事とエネルギー

◆本章のテーマ

　力学の中で，仕事やエネルギーが苦手であるという声をしばしば耳にする．変位などと違って，目に見えないものであるので，直感的な理解が難しいのかもしれない．一方で，力学に登場する変位や力といった多くの物理量と違って，仕事やエネルギーはベクトルではなくスカラーになるところが，大きな特徴である．本章では，力のなす仕事から始めて，さまざまな形態で蓄えられるエネルギーについて学ぶ．つぎに，その仕事が経路に依存しない保存力からポテンシャルを定義し，ある系のエネルギーの総量が不変となるエネルギー保存則を学ぶ．

◆本章の構成（キーワード）

4.1　仕事
　　　仕事，ベクトルの内積
4.2　エネルギー
　　　運動エネルギー，ポテンシャルエネルギー，保存力
4.3　エネルギー保存則
　　　エネルギー保存則，運動方程式

◆本章を学ぶと以下の内容をマスターできます

- 仕事とはなにか
- エネルギーとはなにか
- 保存力とはなにか
- 運動方程式とエネルギー保存則の関係
- エネルギーによる運動の簡潔な記述

4.1 仕事

物体に力を加えても，その物体になにも変化が起きないのであれば，力を加えなかったのと同じである．逆に，力を加えて物体になんらかの変化を与えた場合，その変化の度合いを測るための量が定義されるべきだろう．そのような物理量は**仕事**（work）と呼ばれ，力と変位の積で表される．

4.1.1　1次元問題における仕事

例えば，地盤に固定された建物を押してみることを考えてみよう．ある力で建物を押しても，建物は地盤に固定されているため動かない．いかなる大きさの力を加えたとしても，その物体が変位しなければ力と変位の積で定義される仕事はゼロとなる．いま，建物自体になんら変化が生じていないので，そのような観点から仕事がゼロということに疑いの余地はない．ただし，力を加えているのが人間であるとすれば，建物が動こうが静止していようがいずれ疲れてしまう．したがって，そのような意味では，仕事がゼロというのは直感的に受け入れがたいかもしれない．しかし，そもそも疲れてしまうのは，力を生じさせるのに筋肉の収縮が必要であるというもっぱら人間の側に原因がある．力学の世界では，力という物体を動かす原因と，動いたという結果としての変位がそろって初めて仕事と認められる．

さて，仕事という量をもう少し正確に定義しよう．仕事 W は力と変位の積であるから，1次元の問題で，例えば一定の力 f が作用しているときに，力の作用線方向に変位 u が生じたとすると，そのときの仕事は

$$W = fu \tag{4.1}$$

と表される．力 f_1 が作用している間に u_1 だけ変位し，その後，力が f_2 となり u_2 だけ変位した場合の仕事は

$$W = f_1 u_1 + f_2 u_2 = \sum_{i=1}^{2} f_i u_i \tag{4.2}$$

である．これを 2 段階ではなく，n 段階に分けて考えると

$$W = \sum_{i=1}^{n} f_i u_i \tag{4.3}$$

となる．$x = a$ から $x = b$ まで力が連続的に変化する場合は，式 (4.3) にならい，力 $f(x)$ が作用している間に小さな距離 $\Delta x = \dfrac{b-a}{n}$ だけ変位する場合の仕事 $f(x)\Delta x$ を合計すればよい．n を無限大とすれば，距離 Δx は無限小となって和は積分となる．この場合の仕事は

$$W = \lim_{n \to \infty} \sum_{i=1}^{n} f(x_i)\Delta x = \int_a^b f(x)\,\mathrm{d}x \tag{4.4}$$

となる．

仕事を基本的な次元である［質量］，［長さ］，［時間］で表現すると

$$（仕事）=（力）\cdot（変位）= \frac{［質量］\cdot［長さ］}{［時間］^2} \cdot［長さ］= \frac{［質量］\cdot［長さ］^2}{［時間］^2}$$

である．また，仕事の単位は〔kg・m^2/s^2〕もしくは力の単位〔N〕を用いると〔N・m〕である．SI 単位系の固有の名称の組立単位として〔J〕（ジュール）を用いることもできる．

4.1.2 2 次元もしくは 3 次元問題における仕事

2 次元での仕事がどうなるかを考えてみよう．一定の重力加速度 g が作用する空間に，時刻 $t = 0$ のとき質量 m の物体が水平方向に速度 v_0 で運動していた場合を想定する．時刻 $t > 0$ において，物体の水平方向の変位は $v_0 t$ であり，鉛直方向には重力を受けて y_0 変位が生じていた．この物体は時刻ゼロから t まで，鉛直下向きの一定の重力 mg を受ける．

仕事は力と変位の積であると定義したが，力も変位も水平方向と鉛直方向の 2 方向の成分を持っている．ベクトルにはノルムというスカラー量が定義できるから，重力をベクトルと考えたノルム mg と，変位ベクトルのノルム $\sqrt{(v_0 t)^2 + y_0^2}$ の積が仕事であれば，仕事は $mg\sqrt{(v_0 t)^2 + y_0^2}$ となるだろうか．結論を急がずに，各方向で別々に考えてみよう．まず，鉛直方向であるが，この方向には下向

きに一定の重力 mg が作用していて，その方向の変位は y_0 なので，1次元のときにならうと，その仕事は mgy_0 である．水平方向については，変位は $v_0 t$ であるが，この変位は物体に作用している重力とは無関係に生じる．水平方向の運動の変化は，力の水平方向成分によって生じるものであるが，この場合，物体に作用する力の水平方向成分はゼロである．したがって，その仕事は $0 \times v_0 t = 0$ である．けっきょく，重力が物体になした仕事は，$mgy_0 + 0 = mgy_0$ ということになる．

以上から，2以上の次元における仕事とは，作用する力の大きさと，作用する力の方向に生じた変位の積と考えられる．作用する力の方向に生じた変位とは，作用する力ベクトル $\boldsymbol{f}$ と生じた変位ベクトル $\boldsymbol{u}$ のなす角を θ とすると，$|\boldsymbol{u}| \cos\theta$ である．ここで，$|\cdot|$ は・のノルムを意味する．したがって，仕事は

$$W = |\boldsymbol{f}||\boldsymbol{u}| \cos\theta \tag{4.5}$$

と定義できる．これは，力 $\boldsymbol{f}$ と変位 $\boldsymbol{u}$ の内積にほかならない．座標変換の説明においても述べたように，ベクトルの内積は，ベクトルの任意の方向の成分を取り出すのに便利であり，ここでは「変位」の「作用する力の方向の成分」を取り出している．以上から，改めて仕事を

$$W = \boldsymbol{f} \cdot \boldsymbol{u} \tag{4.6}$$

と表すことができ，これは3次元の問題においても成り立つ．

4.2 エネルギー

4.2.1 運動エネルギー

簡単のために，まず1次元で以下の三つのケースを考えよう．

ケース1 質量 m の質点が，慣性の法則に従って速度 v_0 で等速直線運動をしていたとする．このとき，質点が u_1 だけ変位したとする．変位はしたが，力が作用していないので，この間の力による仕事 W_1 は

$$W_1 = 0 \cdot u_1 = 0 \tag{4.7}$$

となりゼロである。

ケース2 同じ質点が静止しており，力 f を受けて，ケース1とちょうど同じ u_1 だけ変位したとしよう．このとき，力のした仕事 W_2 は

$$W_2 = fu_1 \tag{4.8}$$

である．

ケース3 同じ質点が静止しており，力 $2f$ を受けて，これまでと同じ u_1 だけ変位したとしよう．このとき，力のした仕事 W_3 は

$$W_3 = 2fu_1 \tag{4.9}$$

である．

上に挙げたいずれのケースにおいても，質点としては同じ u_1 だけ変位するという状態の変化が生じたが，仕事は作用した力によって異なっている．まず，ケース1については，仕事の定義に従えば，作用している力がゼロなのでそもそも仕事を考えようがないし，この結果は当然である．このことをもう少し考えてみよう．質点は等速直線運動をしているので，ある時間が経てばその分位置は変化するが，質点の速度は変化しない．ニュートンの運動の法則より，物体は力を受けなければその速度は変化しない．物体の状態を表す量として，位置・速度・加速度があることを学んだが，位置と速度・加速度にはいま述べたように根本的な違いがある．位置は幾何学的な状態量で，速度と加速度は物理的な状態量ということもできるだろう．話をもとに戻すと，ケース1では速度という物理的な状態量が変化していないので，その間の仕事はゼロであると考えれば，少しは直感的な理解の助けになるだろう．

では，ケース2,3において，質点の物理的な状態量として速度はどうなっているだろうか．ケース2では，運動方程式 $f = ma$ より $a = \dfrac{f}{m}$，かつ時刻ゼロでの速度がゼロなので，速度は $v = at = \dfrac{ft}{m}$ となる．さらに，初速度ゼロか

らの等加速度運動なので，変位は $u_1 = \dfrac{at^2}{2} = \dfrac{ft^2}{2m}$ となることから，変位 u_1 となる時刻 t_2 は

$$t_2 = \sqrt{\dfrac{2u_1 m}{f}} \tag{4.10}$$

である。よって，変位が u_1 となるときの速度 v_2 は

$$v_2 = at_2 = \dfrac{f}{m}\sqrt{\dfrac{2u_1 m}{f}} = \sqrt{\dfrac{2u_1 f}{m}} \tag{4.11}$$

である。同様に，ケース 3 では，変位が u_1 となるときの速度 v_3 は

$$v_3 = \sqrt{\dfrac{4u_1 f}{m}} \tag{4.12}$$

である。同じ変位 u_1 を生じさせるための仕事の違いは，この間の速度の増加分に現れることがわかった。速度 v_3 の v_2 に対する比は $\sqrt{2}$ であるが，仕事 W_3 の W_2 に対する比は 2 である。このことから，速度の 2 乗と仕事との間になにやら関係がありそうである。

　力による仕事が，物体の力学的な状態量である速度と関係が深いことがわかってきたので，質点がある速度に到達するまでに力によってなされる仕事を考えてみよう。一定の力 f が作用して一定の加速度 a により速度 v になるまでに必要な時間 t は

$$t = \dfrac{v}{a} \tag{4.13}$$

となり，この間の質点の変位 u は

$$u = \dfrac{1}{2}at^2 = \dfrac{1}{2}a\left(\dfrac{v}{a}\right)^2 = \dfrac{v^2}{2a} = \dfrac{mv^2}{2f} \tag{4.14}$$

となる。最後の等式には，運動方程式 $f = ma$ を用いた。このとき，力のなす仕事は

$$W = fu = \dfrac{1}{2}mv^2 = K \tag{4.15}$$

となる。速度 v になるまでに力がなした仕事と等しい，上式の状態量 $K = \dfrac{1}{2}mv^2$ を，質点の**運動エネルギー**（kinetic energy）と呼ぶ。

4.2 エネルギー

式 (4.15) の誘導においては，力が一定であり，したがって加速度も一定であるという特殊な状況を想定した．より一般的な状況における運動エネルギーの誘導を以下に示そう．最初，静止していた質量 m に，一定でない任意の力 f を作用させ，変位 u になったとする．このときの時刻を t，質点の速度を v とする．質点が変位する間に力 f がなした仕事 W は

$$W = \int_0^u f\,\mathrm{d}u \tag{4.16}$$

である．運動方程式より $f = m\dfrac{\mathrm{d}v}{\mathrm{d}t}$ とし，変位 u での積分を，$\mathrm{d}u \mapsto v\,\mathrm{d}t$ と変数変換すると，上式は

$$W = \int_0^t m\frac{\mathrm{d}v}{\mathrm{d}t} v\,\mathrm{d}t \tag{4.17}$$

となる．ここで，積分変数の変換に伴って，積分範囲も $[0, u]$ から $[0, t]$ へと変わっている．さらに，$\dfrac{\mathrm{d}v}{\mathrm{d}t}\mathrm{d}t = \mathrm{d}v$ となることと，積分範囲を考慮すると

$$W = \int_0^v mv\,\mathrm{d}v = \frac{1}{2}mv^2 = K \tag{4.18}$$

を得る．よって，質量 m の質点を速度 v にするために力がなした仕事は，力が一定であっても，一定でなくても，同じ $\dfrac{1}{2}mv^2$ であることが示された．言い換えれば，質量 m の質点の運動エネルギーは，質点がどのような力を受けたかにかかわらず，速度のみで決まる．

2 次元や 3 次元における質点の運動エネルギー K は，それぞれの成分について運動が独立なことから

$$K = \frac{1}{2}m\left(v_x^2 + v_y^2 + v_z^2\right) = \frac{1}{2}m\boldsymbol{v}\cdot\boldsymbol{v} = \frac{1}{2}m\left|\boldsymbol{v}\right|^2 \tag{4.19}$$

と定義される．さらに，多質点系における系全体の運動エネルギーは，それぞれの質点の速度は独立なことから，個々の質点の運動エネルギーの合計

$$K = \frac{1}{2}\sum_{i=1}^n m_i \left|\boldsymbol{v}_i\right|^2 \tag{4.20}$$

として表される．

運動エネルギーを基本的な次元である［質量］，［長さ］，［時間］で表現すると

$$（運動エネルギー）= \frac{1}{2}［質量］\cdot（速度）^2 =［質量］\cdot\left(\frac{［長さ］}{［時間］}\right)^2$$

$$= \frac{［質量］\cdot［長さ］^2}{［時間］^2}$$

となる．運動エネルギーは仕事と等価な量として定義したので，当然のことながら次元や単位も仕事と同じである．

4.2.2 ポテンシャル

〔1〕重　　力　　物体に重力のみが作用し，運動は鉛直方向に限る1次元問題を考えよう．図 4.1 (a) に示すように，地表面からの高さが y_0 の O 点を原点とし，鉛直下向きを正とする座標 y を考える．すると，原点とした O 点から見た地表面の座標は $y = y_0$ である．最初，質量 m の物体が O 点 $y = 0$ にあったとする．いま，重力加速度を g とすると，物体に作用する重力 f は mg で一定である．この物体を，一度，地表面（$y = y_0$ の高さ）まで動かすと，そのときに重力が物体になした仕事は fy_0 である．つぎに物体を地表面からもとの位置の原点 O に戻すと，このときの重力のした仕事は重力と変位の向きが逆であることから，$-fy_0$ である．物体を一度，地表面に動かしてもとの位置に戻したとき，重力のした仕事の合計は $fy_0 - fy_0 = 0$ とゼロになる．

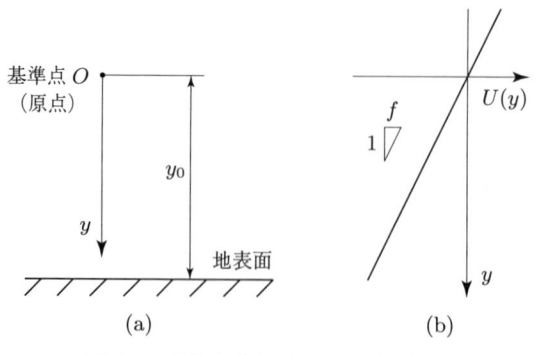

図 4.1　重力のポテンシャルエネルギー

4.2 エネルギー

このように，物体がある点から出発し，運動をした後にもとの位置に戻ってくる間に作用し続けた力のなした仕事がゼロであるとき，その力は**保存力** (conservative force) と呼ばれる．先の考察から，重力は保存力である．

先ほど考えたように，ある点 (y) から基準点（原点 $y=0$）まで物体を動かしたときに重力がなすであろう仕事は

$$U(y) = \int_y^0 f \, dy = f(0-y) = -fy = -mgy \tag{4.21}$$

となり，これを位置 y における（基準点に対する）重力の**ポテンシャル** (potential) もしくは**ポテンシャルエネルギー** (potential energy) と呼ぶ．図 4.1 (b) は任意の位置 y における重力のポテンシャルエネルギー $U(y)$ を図示している．図から，位置 y が基準点より重力と逆向きに変化すると，ポテンシャルエネルギーは増え，逆に，重力の向きに変化するとポテンシャルエネルギーは減少することがわかる．重力のポテンシャルエネルギーは，位置によって決まることから**位置エネルギー** (potential energy)[†] とも呼ばれる．ポテンシャルには潜在力や可能性という意味があるが，ポテンシャルエネルギーは，実際には物体を動かしていないし仕事もしていないが，その点において基準点までに重力がなす「見込みの仕事」であるので，そのような名称が付けられている．なお，重力のポテンシャルエネルギーに -1 をかけて位置 y で微分すると

$$-\frac{dU}{dy} = -\frac{d}{dy}(-fy) = f \tag{4.22}$$

となり，重力となる．図 4.1 (b) のように，重力のポテンシャルエネルギー $U(y)$ の勾配は，重力 × (-1) となっている．これは，式 (4.21) で定義された重力のポテンシャルエネルギーが重力を積分したものであることから自明であるが，積分範囲が任意の点から基準点までとなっており，座標の正の向きと逆向きになっていることから，微分して「-1 をかける」ことで，もとの重力となっている．また，「○○のポテンシャル」の類は，符号の違いはあってもほぼすべて微分することでもとの「○○」になる，ということを知っておいてもよいだろう．

[†] 英語では energy of position という言葉も辞書に載っているが，potential energy が一般的に使われるようである．

ポテンシャルエネルギーは，その点において基準点までに力がなす見込みの仕事であるので，次元や単位は仕事とまったく同じである。

〔2〕ば　　ね　　ばねに付けられた質点の運動を 2.3.1 項〔3〕で考えたが，ここではそのばねの力による仕事を考える。図 4.2 (a) に示すように，ばね定数を k，ばねが自然長のときの質点の位置を原点とすると，質点が x にあるとき，ばねが質点に及ぼす力 f は $f = -kx$ である。

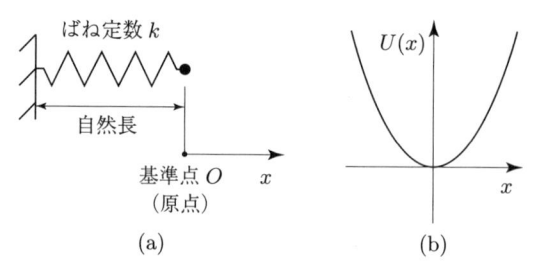

図 4.2 ばねの力のポテンシャルエネルギー

ここで，質点を原点から $x = x_0$ まで変位させるときにばねがなす仕事を考えよう。重力と異なり，ばねの力は一定ではなく，伸び，すなわち位置 x によって変化する。ある位置 x から少し離れた $x + \Delta x$ に動くときに，ばねの力 f が近似的に一定と考えると，この間にばねの力のなす仕事は $f\Delta x$ となる。いま，原点から x_0 までを n 分割したと考えて，$\Delta x = \dfrac{x_0 - x}{n}$ とし，これを $x = 0$ から $x = x_0$ まで n 回足し合わせることで，$x = 0$ から $x = x_0$ までにばねのなす仕事 $U(x_0)$ は

$$U(x_0) \simeq \sum_{x=0}^{x_0} f\Delta x \tag{4.23}$$

と表すことができる。つぎに，分割数 n を無限大とし，Δx を無限小と考える。すると，和は積分となるので，$\sum$ を $\int$ に置き換え，Δx を $\mathrm{d}x$ に置き換えると，$x = 0$ から $x = x_0$ までにばねのなす仕事 $U(x_0)$ は

$$U(x_0) = \int_0^{x_0} f\,\mathrm{d}x = \int_0^{x_0} -kx\,\mathrm{d}x = -\frac{1}{2}kx_0^{\,2} \tag{4.24}$$

となる．つぎに，質点を $x=0$ の位置まで動かしたとすると，先ほどと積分の始点と終点がちょうど逆になるので，ばねの仕事は $\int_{x_0}^{0} f\,\mathrm{d}x$ となる．したがって，質点を原点から x_0 まで移動させ，原点に戻したときのばねの力による仕事の合計は

$$\int_{0}^{x_0} -kx\,\mathrm{d}x + \int_{x_0}^{0} -kx\,\mathrm{d}x = -\frac{1}{2}kx_0{}^2 + \frac{1}{2}kx_0{}^2 = 0 \tag{4.25}$$

となりゼロである．よって，ばねの力は保存力ということになる．ばねのポテンシャルエネルギーは，ばねの弾性[†]によって生じることから，**弾性エネルギー**（elastic energy）とも呼ばれる．

また，原点を基準点とした位置 x におけるばねの力のポテンシャルエネルギー U は，位置 x から基準点 $x=0$ までにばねがなす（であろう）仕事として

$$U(x) = \int_{x}^{0} f\,\mathrm{d}x = \int_{x}^{0} -kx\,\mathrm{d}x = \frac{1}{2}kx^2 \tag{4.26}$$

と定義される．重力のときと異なる点は，ポテンシャルエネルギーが位置の1次関数ではなく，2次関数になっており，位置が正負どちらであっても，ばねが基準点までになす仕事は正になっている点である．一方で，重力のときと同じように，ばねのポテンシャルエネルギーに -1 をかけ，位置 x で微分すると

$$-\frac{\mathrm{d}U}{\mathrm{d}x} = -\frac{\mathrm{d}}{\mathrm{d}x}\left(\frac{1}{2}kx^2\right) = -kx \tag{4.27}$$

となり，ばねの力になる．

〔3〕**一般の保存力** いま，物体に力 $\boldsymbol{f}(\boldsymbol{x})$ が作用している場合を考える．この一般の力 $\boldsymbol{f}$ が保存力である条件を考えよう．力が保存力であるための条件は，ある点からさまざまな運動を経てもとの点に戻ってきたときに，力がなす仕事の合計がゼロになることであった．

力が保存力であるために，力が仕事をする際の経路についての制限はないが，話を単純にするために，まず A 点 $\boldsymbol{x}_\mathrm{A}$ を出発点とし，B 点 $\boldsymbol{x}_\mathrm{B}$ まで直線的に変位し，また A 点に戻ってきた場合を考えよう．A 点を始点，B 点を終点とするベクトルを $\boldsymbol{x}_\mathrm{AB}$ とし，$\boldsymbol{x}_\mathrm{AB}$ を n 分割したベクトルを

[†] 力を加えると変形するが，力を取り去るともとに戻る性質を弾性と呼ぶ．

$$\Delta \boldsymbol{x}_{\mathrm{AB}} = \frac{\boldsymbol{x}_{\mathrm{AB}}}{n} \tag{4.28}$$

とすると，A 点から B 点までに力がなす仕事 U_{AB} は

$$U_{\mathrm{AB}} \simeq \sum_{\boldsymbol{x}=\boldsymbol{x}_{\mathrm{A}}}^{\boldsymbol{x}_{\mathrm{B}}} \boldsymbol{f} \cdot \Delta \boldsymbol{x}_{\mathrm{AB}} \tag{4.29}$$

と表される。上式は，力 $\boldsymbol{f}$ が一定のときは厳密に成り立つ。ここで，2 次元あるいは 3 次元における仕事は，力と変位ベクトルの内積であることに注意しよう。ばねのときと同様に，分割数 n を無限大にし，$\Delta \boldsymbol{x}_{\mathrm{AB}}$ の大きさを無限小にして，和を積分に書き換えると

$$U_{\mathrm{AB}} = \int_{\boldsymbol{x}_{\mathrm{A}}}^{\boldsymbol{x}_{\mathrm{B}}} \boldsymbol{f} \cdot \mathrm{d}\boldsymbol{x} \tag{4.30}$$

となる。同様に，B 点から A 点までに力がなす仕事 U_{BA} は

$$U_{\mathrm{BA}} = \int_{\boldsymbol{x}_{\mathrm{B}}}^{\boldsymbol{x}_{\mathrm{A}}} \boldsymbol{f} \cdot \mathrm{d}\boldsymbol{x} \tag{4.31}$$

であり，両者の合計が

$$U_{\mathrm{AB}} + U_{\mathrm{BA}} = \int_{\boldsymbol{x}_{\mathrm{A}}}^{\boldsymbol{x}_{\mathrm{B}}} \boldsymbol{f} \cdot \mathrm{d}\boldsymbol{x} + \int_{\boldsymbol{x}_{\mathrm{B}}}^{\boldsymbol{x}_{\mathrm{A}}} \boldsymbol{f} \cdot \mathrm{d}\boldsymbol{x} = 0 \tag{4.32}$$

としてゼロになるときに，力 $\boldsymbol{f}$ は保存力となる。

いま，力が通る経路を 2 点を結ぶ直線に限定したが，このことはせいぜい $\Delta \boldsymbol{x}_{\mathrm{AB}} = \dfrac{\boldsymbol{x}_{\mathrm{AB}}}{n}$ を定義するために用いただけである。経路になんら制限を設けない場合，A 点から B 点に至るある経路 1 を n 分割した区間ベクトルを $(\Delta \boldsymbol{x}_{\mathrm{AB}})_i$ $(i = 1, 2, \cdots, n)$ とし，各点における力 $\boldsymbol{f}$ を $\boldsymbol{f}_i$ とすると

$$\boldsymbol{x}_{\mathrm{AB}} = \sum_{i=1}^{n} (\Delta \boldsymbol{x}_{\mathrm{AB}})_i \tag{4.33}$$

となり，A 点から B 点までに力がなす仕事 U_{AB} は

$$U_{\mathrm{AB}} \simeq \sum_{i=1}^{n} = \boldsymbol{f}_i \cdot (\Delta \boldsymbol{x}_{\mathrm{AB}})_i \tag{4.34}$$

と表される。経路が直線のときと同様に，分割数を無限大とし，区間ベクトルの大きさを無限小とすると，経路 1 を通り A 点から B 点までに力のなす仕事 $U_{\mathrm{AB\, 経路1}}$ は

$$U_{\text{AB 経路 1}} = \int_{\boldsymbol{x}_{\text{A 経路 1}}}^{\boldsymbol{x}_{\text{B}}} \boldsymbol{f} \cdot \mathrm{d}\boldsymbol{x} \tag{4.35}$$

となる。同様に,B 点から A 点に至る経路 1 とは別の経路 2 を n 分割した区間ベクトルを $(\Delta \boldsymbol{x}_{\text{BA}})_i$ $(i=1,2,\cdots,n)$ とし,各点における力 $\boldsymbol{f}$ を $\boldsymbol{f}_i$ とすると

$$\boldsymbol{x}_{\text{BA}} = \sum_{i=1}^{n} (\Delta \boldsymbol{x}_{\text{BA}})_i \tag{4.36}$$

となり,B 点から A 点までに力がなす仕事 U_{BA} は

$$U_{\text{BA}} \simeq \sum_{i=1}^{n} = \boldsymbol{f}_i \cdot (\Delta \boldsymbol{x}_{\text{BA}})_i \tag{4.37}$$

と表される。分割数を無限大とし,区間ベクトルの大きさを無限小とすると,経路 2 を通り B 点から A 点までに力のなす仕事 $U_{\text{BA 経路 2}}$ は

$$U_{\text{BA 経路 2}} = \int_{\boldsymbol{x}_{\text{B 経路 2}}}^{\boldsymbol{x}_{\text{A}}} \boldsymbol{f} \cdot \mathrm{d}\boldsymbol{x} \tag{4.38}$$

と表される。点 A から経路 2 を逆向きに点 B まで移動したときに力がなす仕事 $U_{\text{AB 経路 2}}$ は,各 $(\Delta \boldsymbol{x}_{\text{AB}})_i$ が $-(\Delta \boldsymbol{x}_{\text{BA}})_i$ になった場合と考えると

$$U_{\text{AB 経路 2}} = \int_{\boldsymbol{x}_{\text{A 経路 2}}}^{\boldsymbol{x}_{\text{B}}} \boldsymbol{f} \cdot \mathrm{d}\boldsymbol{x} = \int_{\boldsymbol{x}_{\text{B 経路 2}}}^{\boldsymbol{x}_{\text{A}}} \boldsymbol{f} \cdot (-\mathrm{d}\boldsymbol{x}) = -U_{\text{BA 経路 2}} \tag{4.39}$$

となる。もし,力 $\boldsymbol{f}$ が保存力であれば

$$U_{\text{AB 経路 1}} + U_{\text{BA 経路 2}} = \int_{\boldsymbol{x}_{\text{A 経路 1}}}^{\boldsymbol{x}_{\text{B}}} \boldsymbol{f} \cdot \mathrm{d}\boldsymbol{x} + \int_{\boldsymbol{x}_{\text{B 経路 2}}}^{\boldsymbol{x}_{\text{A}}} \boldsymbol{f} \cdot \mathrm{d}\boldsymbol{x} = 0 \tag{4.40}$$

であるから

$$\int_{\boldsymbol{x}_{\text{A 経路 1}}}^{\boldsymbol{x}_{\text{B}}} \boldsymbol{f} \cdot \mathrm{d}\boldsymbol{x} - \int_{\boldsymbol{x}_{\text{A 経路 2}}}^{\boldsymbol{x}_{\text{B}}} \boldsymbol{f} \cdot \mathrm{d}\boldsymbol{x} = 0 \tag{4.41}$$

すなわち

$$U_{\text{AB 経路 1}} = U_{\text{AB 経路 2}} \tag{4.42}$$

となる。これは、力 $\bm{f}$ が保存力であれば、その力が2点間でなす仕事は、その経路に依存しないということである。

もし、力 $\bm{f}$ が保存力であれば、基準点 $\bm{x}_0$ に対する位置 $\bm{x}$ における力 $\bm{f}$ のポテンシャルエネルギー U は、力が位置 $\bm{x}$ から基準点 $\bm{x}_0$ までになす（であろう）仕事として

$$U(\bm{x}) = \int_{\bm{x}}^{\bm{x}_0} \bm{f} \cdot \mathrm{d}\bm{x} \tag{4.43}$$

と表される。先ほど、力 $\bm{f}$ が保存力であるとき、任意の2点間でなす仕事は経路に依存しないことがわかったので、上式において積分の経路は省略している。このことは、逆に力が保存力でない場合は、2点間でなす仕事は経路に依存し、その仕事を表す積分においては経路を明記する必要があり、したがって、式 (4.43) のようなポテンシャルエネルギーは定義できないということである。

これまでと同様に、ポテンシャルエネルギー $U(\bm{x})$ に -1 をかけて位置 $\bm{x}$ で微分すると、もとの力 $\bm{f}$ になることが期待される。しかし、位置 $\bm{x}$ はベクトルであるので、これまでと同じようにはいかない。ポテンシャルエネルギーはスカラーであるから、ベクトルである位置で「なんらかの微分」をすることで、ベクトルである力になってほしい。微分とは、ある関数の傾き、もしくは勾配を生じさせる演算であり、いま考えているような2次元や3次元では、それぞれの方向に対する勾配に相当する。例えば2次元においては、ある山地を x, y 座標における標高 $h(x, y)$ で表したときに、x, y 方向の勾配はそれぞれ

$$x\text{方向の勾配} = \frac{\partial h}{\partial x}, \quad y\text{方向の勾配} = \frac{\partial h}{\partial y} \tag{4.44}$$

となる。h は x と y の両方の関数であるので、上式において微分は偏微分となっている。これらをまとめてベクトルで表すと

$$\text{勾配ベクトル} = \frac{\partial h}{\partial x} \bm{e}_x + \frac{\partial h}{\partial y} \bm{e}_y = \left\{ \begin{array}{c} \dfrac{\partial h}{\partial x} \\ \dfrac{\partial h}{\partial y} \end{array} \right\} \tag{4.45}$$

なる勾配ベクトルが定義できる。勾配ベクトルは

$$\text{勾配ベクトル} = \frac{\partial}{\partial \boldsymbol{x}}h = \frac{\partial h}{\partial \boldsymbol{x}} = \nabla h = \operatorname{grad} h \tag{4.46}$$

などのいくつかの表し方がある．勾配ベクトルについての話が長くなったが，この勾配ベクトルを用いれば，ポテンシャルエネルギー U ともとの力ベクトル $\boldsymbol{f}$ を

$$-\frac{\partial U}{\partial \boldsymbol{x}} = -\nabla U = -\operatorname{grad} U = \boldsymbol{f} \tag{4.47}$$

と関連付けることができる．

4.3　エネルギー保存則

4.3.1　エネルギー保存則

運動エネルギーの説明において，ある運動の状態を作り出すために力のなした仕事と，運動エネルギーが等価であることを暗黙のうちに用いた．これは，力のなした仕事がすべて損失なく運動エネルギーとして蓄えられたことを意味する．力が保存力である場合，力がなした仕事の分だけポテンシャルエネルギーは減少するが，その減少分は運動エネルギーとして系に蓄えられる．したがって，系全体で見たときのポテンシャルエネルギーと運動エネルギーの和は運動の状態によらず不変であり，これを**エネルギー保存則** (law of conservation of energy) という．以下の具体例を通じて，このことを考えてみよう．

〔1〕**重　　力**　4.2.2 項〔1〕で考えた加速度 g の重力が作用する場を考える．位置の座標 y の設定も 4.2.2 項〔1〕と同様とする．初め，位置 y_0 に質量 m の質点が静止していたとする．この質点は静止しているので，このときの運動エネルギー K_0 はゼロである．時刻ゼロのとき，質点が自由落下を始め，位置 $y > y_0$ となったとする．位置 y まで落下するのに要する時間 t は

$$\frac{1}{2}gt^2 = (y - y_0) \quad \Rightarrow \quad t = \sqrt{\frac{2(y - y_0)}{g}} \tag{4.48}$$

なので，位置 y における質点の速度 v は

$$v = gt = \sqrt{2g(y-y_0)} \tag{4.49}$$

である。よって，このときの質点の運動エネルギー K は

$$K = \frac{1}{2}mv^2 = mg(y-y_0) \tag{4.50}$$

となる。一方，質点が y_0 および y にあるときの重力のポテンシャルエネルギー U_0 および U はそれぞれ

$$U_0 = -mgy_0, \quad U = -mgy \tag{4.51}$$

である。したがって，質点が y_0 および y にあるときのポテンシャルエネルギーと運動エネルギーの和はそれぞれ

$$U_0 + K_0 = -mgy_0 \tag{4.52}$$
$$U + K = -mgy + mg(y-y_0) = -mgy_0 \tag{4.53}$$

となり，これより

$$U_0 + K_0 = U + K \tag{4.54}$$

を得る。以上から，保存力である重力のポテンシャルエネルギーと質点の運動エネルギーの和が不変であること，すなわちエネルギー保存則が成立することが示された。

〔2〕ばね　　2.3.1 項〔3〕で述べた，ばね定数 k のばねに質量 m の質点が取り付けられている系を再び考えてみよう。時刻ゼロで質点の位置が x_0 かつ速度がゼロなので，このときのばねのポテンシャルエネルギー U_0 と質点の運動エネルギー K_0 は，それぞれ

$$U_0 = \int_{x_0}^{0} -kx\,dx = \frac{1}{2}kx_0^2, \quad K_0 = \frac{1}{2}mv^2 = 0 \tag{4.55}$$

である。この状態で力を取り去ると，ばね質点系は単振動を始める。2.3.1 項〔3〕より，任意の時刻 t の質点の位置と速度は

$$x(t) = x_0\cos\omega t, \quad v(t) = -x_0\omega\sin\omega t \tag{4.56}$$

4.3 エネルギー保存則

であった。任意の時刻 t においてばねに蓄えられるポテンシャルエネルギーは

$$U = \frac{1}{2}kx^2 = \frac{1}{2}kx_0{}^2 \cos^2 \omega t \tag{4.57}$$

であり，質点の運動エネルギーは，$\omega = \sqrt{\dfrac{k}{m}}$ であることを用いると

$$\begin{aligned} K &= \frac{1}{2}mv^2 = \frac{1}{2}m\left(-x_0\omega \sin \omega t\right)^2 = \frac{1}{2}m\frac{k}{m}x_0{}^2 \sin^2 \omega t \\ &= \frac{1}{2}kx_0{}^2 \sin^2 \omega t \end{aligned} \tag{4.58}$$

となる。両者の和を系の力学的エネルギーとすると

$$U + K = \frac{1}{2}kx_0{}^2 \cos^2 \omega t + \frac{1}{2}kx_0{}^2 \sin^2 \omega t = \frac{1}{2}kx_0{}^2 \tag{4.59}$$

となり，初期状態における力学的エネルギー $U_0 + K_0$ とつねに等しいことがわかる。以上から，保存力であるばねのポテンシャルエネルギーと質点の運動エネルギーの和が不変であること，すなわちエネルギー保存則が成立することが示された。

4.3.2 エネルギー保存則と運動方程式

4.2.1 項では一定の力に限定したので，1 次元ではあるが，力が変化する場合も含んだ一般的な場合で，運動方程式とエネルギー保存則の関係を考えてみよう。やや作為的に見えるかもしれないが，運動方程式

$$f = ma \tag{4.60}$$

の両辺に速度 v をかけると

$$fv = mav \tag{4.61}$$

となる。加速度 a は速度 v の時間微分であるから，上式は

$$fv = m\frac{\mathrm{d}v}{\mathrm{d}t}v \tag{4.62}$$

とも書ける。積の微分の関係から，上式は

$$fv = \frac{d}{dt}\left(\frac{1}{2}mv^2\right) \tag{4.63}$$

と変形できる。両辺を時刻 t で積分すると

$$\int fv\,dt = \int \frac{d}{dt}\left(\frac{1}{2}mv^2\right)dt = \frac{1}{2}mv^2 + c_1 = K + c_1 \tag{4.64}$$

となる。ここで，K は運動エネルギー，c_1 は積分定数である。さらに，速度 v は変位 x の微分であることから，上式の左辺は

$$\int fv\,dt = \int f\frac{dx}{dt}dt = \int f\,dx \tag{4.65}$$

となる。f が保存力であるとすると，そのポテンシャルエネルギー U を用いて，上式をさらに

$$\int f\,dx = -\int_x^0 f\,dx + c_2 = -U + c_2 \tag{4.66}$$

と表すことができる。けっきょく，運動方程式から

$$-U + c_2 = K + c_1 \quad \Rightarrow \quad U + K = 定数 \tag{4.67}$$

なる関係，すなわちエネルギー保存則を得たことになる。

4.3.3 エネルギー保存則による振り子の解析

エネルギー保存則を用いると解析が簡単になる例として，振り子の問題を考えよう。図 **4.3** (a) に振り子を示す。伸び縮みしたり曲がったりすることのな

(a) 振り子　　(b) 質点に作用する力

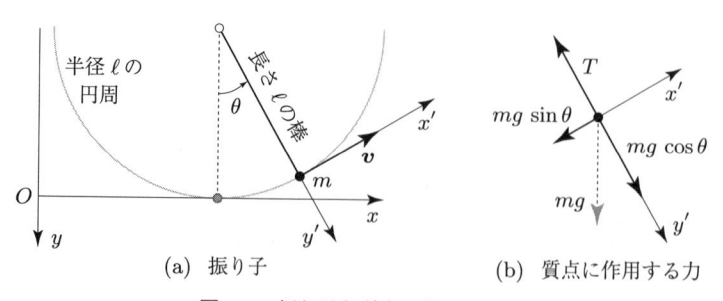

図 **4.3** 振り子と質点に作用する力

4.3 エネルギー保存則

い，質量を無視できる長さ ℓ の棒の上端が自由に回転できるように固定されており，下端には質量 m の質点が固定されている．質点には重力が作用し，質点と棒は紙面[†1]内を運動する．棒の角変位 θ を鉛直下向きのときにゼロ，反時計回りに正とする．紙面に固定された x-y 座標系を y 軸が鉛直下向きに正となるように設定する．棒の角変位がゼロのときの質点の位置 y をゼロとする．棒を角変位 θ_0 に持ち上げ静かに手を離したときの運動を解析しよう．なお，角変位 θ_0 のときの質点の位置は $y_0 = \ell(-1 + \cos\theta_0)$ である．

棒の角変位が θ のときに質点に作用する力は，鉛直方向の重力 mg と棒の軸方向に作用する張力 T である．図 4.3 (a) のように，原点が質点に固定され，棒とともに回転する座標系を x'-y' 座標系とする．図 4.3 (b) に示すように，重力を棒の軸直角方向と軸方向，すなわち x'-y' 座標系の成分に分解すると，x' 軸方向成分は $-mg\sin\theta$，y' 軸方向成分は $mg\cos\theta$ となる．棒は伸び縮みしないので，棒の軸方向の力はつねにつり合っており，$T = mg\cos\theta$ である．つぎに棒の軸に直角な方向の運動を考える．棒は変形しないので，棒の先に付けられた質点は，棒の上端を中心とした半径 ℓ の円周上を運動する．ここで，質点の速度および加速度の円周方向，すなわち x' 軸方向成分をそれぞれ v, a とすると

$$v = \ell \frac{d\theta}{dt}, \quad a = \frac{dv}{dt} = \ell \frac{d^2\theta}{dt^2} \tag{4.68}$$

と表される．これを用いて，角変位 θ で表した円周方向の運動方程式が

$$m\ell \frac{d^2\theta}{dt^2} = -mg\sin\theta \tag{4.69}$$

と得られる．

運動方程式 (4.69) は非線形の微分方程式であり，簡単には解けない[†2]．そこ

[†1] 簡単のために，問題を 1 次元や 2 次元に限定することがしばしばある．特に 2 次元に限定する場合，対象とする平面を「紙面」と称する．

[†2] $|\theta_0|$ が 1 に比べて十分に小さい，すなわち y_0 は ℓ に比べて十分に小さいと仮定すると，任意の時刻の角変位 θ も十分に小さいので，$\sin\theta \simeq \theta$ とみなせる．したがって，運動方程式 (4.69) は

$$m\ell \frac{d^2\theta}{dt^2} = -mg\theta \tag{4.70}$$

のように線形の微分方程式になり，振り子の運動は単振動となる．

で，エネルギー保存則を考えてみよう．$\theta = 0$ のときの質点の位置をポテンシャルエネルギーの基準点とすると，ポテンシャルエネルギー $U(y)$ は

$$U(y) = -mgy \tag{4.71}$$

である．角変位が θ_0 の初期状態のときは振り子は静止していたので，運動エネルギーがゼロであることを考慮すると，質点の位置が y のときと初期のときとで運動エネルギーとポテンシャルエネルギーの和が等しいことから

$$\frac{1}{2}mv^2 - mgy = -mgy_0 \tag{4.72}$$

を得る．上式から，円周に沿った速度が

$$v = \sqrt{2g(y - y_0)} = \sqrt{2g\ell(\cos\theta - \cos\theta_0)} \tag{4.73}$$

と得られる．このように，運動方程式 (4.69) からは簡単に求めることができない速度 v を，エネルギーを考えることで，容易に求めることができた．

演習問題

[**4.1**] 滑らかで水平な床の上に質量 m の質点がある．この質点に水平な力 f を作用させ，f を変化させることにより，最初の位置からちょうど x_0 だけ動かして静止させた．このとき，力 f のなした仕事を求めよ．

[**4.2**] 水平面からの角度が θ の斜面上に，質量 m の質点があり，時刻ゼロから斜面を滑り落ちた．重力加速度を g とし，質点が斜面に沿って ℓ だけ動いたときの，重力と斜面の垂直抗力がなした仕事をそれぞれ求めよ．

[**4.3**] 同じ質量 m の質点 1, 2, 3 がある．質点 1 を，地表面から鉛直上方に速さ v_0 で投げ上げた．質量 2 は地表面から仰角 $\frac{\pi}{3}$ に同じ速さ v_0 で投げ上げた．質点 3 は仰角 $\frac{\pi}{3}$，かつ速度の鉛直方向の成分 v_0（上向き正）で投げ上げた．時刻ゼロで三つの質点を同時に投げ上げたときの，各質点の運動エネルギーと時刻との関係をグラフに表せ．なお，重力加速度は g とする．

[**4.4**] 4.2.2 項で取り上げたばね定数 k のばねと質量 m の質点からなる系を考える．ばねが自然長のときに質点に初速 v_0 を与えた．ばねのポテンシャルエネルギーと質点の運動エネルギーの和は保存されることを用いて，質点の最大変位 $x_{\max}$，および質点の変位が $x < x_{\max}$ のときの速度 v を求めよ．

演 習 問 題

〔**4.5**〕 本章では，質点の運動エネルギーが，質量と速度だけで決まることを学んだ。一方で，3 章では，速度は絶対的ではないことを学んだ。地上で静止している質点を地上の観測者が見たとき，質点の運動エネルギーはゼロといえる。一方で，地球は自転と公転をしていて，地表面そのものはかなりの速さを持っており，地球の外にいる観測者が見たとき，地表に静止した質点の運動エネルギーはゼロではない。このことについて考えよ。

〔**4.6**〕 4.3.2 項において，運動方程式からエネルギー保存則を導いた。逆に，エネルギー保存則から運動方程式を導け。

5章 運動量と運動量保存則

◆本章のテーマ

　前章で学んだ仕事やエネルギーと同様に，運動量も目に見えない物理量であるので，力学の中では理解が難しい概念の一つではないかと思う。運動量を言葉で説明するのは簡単ではないが，物体の運動の勢いを表す物理量である。また，目に見えないという意味ではエネルギーに似ているところもあるが，スカラーであるエネルギーとは異なり，運動量はベクトルである。

　本章では，運動量の定義を示した後，力の時間積分である力積が運動量の変化を生じさせること，また，力が作用しない限り運動量は不変であること（運動量保存則）について学ぶ。つぎに，運動量保存則と運動方程式の関係について考察する。

◆本章の構成（キーワード）

5.1　運動量と力積
　　　運動量，力積，仕事
5.2　運動量保存則と運動方程式
　　　運動量保存則，運動方程式

◆本章を学ぶと以下の内容をマスターできます

- ☞ 運動量の変化は力積と等しい
- ☞ 外力の作用しない系の運動量は変化しない
- ☞ 運動量保存則はニュートンの運動の法則から導かれる
- ☞ 運動量は有限な時間における運動の変化を記述するのに便利である

5.1 運動量と力積

5.1.1 運動量

まずは簡単のために問題を 1 次元に限定し，時刻 $t=t_0$ に速度 $v(t_0)$ で運動している質量 m の質点に，時刻 t_0 から t_1 まで一定の力 f を加えた場合を考えよう。運動方程式

$$ma = f \tag{5.1}$$

より，力 f は一定なので，加速度 a も一定となる。したがって，時間 $\Delta t = t_1 - t_0$ における速度変化 Δv は

$$\Delta v = v(t_1) - v(t_0) = a\Delta t \tag{5.2}$$

と表せる。運動方程式 (5.1) を用いて，速度変化や位置の変化などを，力や質点の質量により具体的に求めることができるが，いま，そのような解析をすることは忘れよう。運動方程式 (5.1) の両辺に時間 Δt をかけると

$$ma\Delta t = f\Delta t \tag{5.3}$$

となるが，さらに式 (5.2) より

$$mv(t_1) - mv(t_0) = f\Delta t \tag{5.4}$$

なる関係を得ることができる。運動方程式 (5.1) は，質量と加速度の積が与えられた力に等しいという意味であり，式 (5.4) を同様に解釈するなら，質量と速度の積の変化が力と時間の積に等しいと理解することができる。また，運動方程式が時々刻々の運動の状態の変化の割合（変化率）を表しているのに対し，式 (5.4) はある有限な時間における運動の状態の変化を表していると解釈できる。式 (5.4) の左辺にある運動の状態，すなわち質量と速度の積

$$p = mv \tag{5.5}$$

を**運動量** (momentum)[†]という。ここまでは簡単のため 1 次元で考えたが，2 次

[†] 後に学ぶ角運動量 (angular momentum) に対して，この運動量を linear momentum と呼ぶこともあるが，日本語で線運動量あるいは線形運動量と呼ぶことは稀である。

元もしくは3次元では速度はベクトルなので，運動量もベクトルとなる．よって，2次元もしくは3次元における運動量ベクトル $\boldsymbol{p}$ は，速度ベクトル $\boldsymbol{v}$ を用いて

$$\boldsymbol{p} = m\boldsymbol{v} \tag{5.6}$$

と定義される．運動量は，物体の運動の勢いを表す物理量と考えてよいだろう†．

運動量を基本的な次元である［質量］，［長さ］，［時間］で表現すると

$$（運動量）=［質量］\cdot（速度）= \frac{［質量］\cdot［長さ］}{［時間］}$$

である．また，運動量の単位は $[\mathrm{kg \cdot m/s}]$ である．

5.1.2 力　　　積

式 (5.4) の左辺を運動量と定義したのに対し，右辺の力と作用時間の積

$$I = f\Delta t \tag{5.7}$$

を**力積**（impulse）と呼ぶ．

先の例では，質点に作用させる力を一定と限定したが，より一般的な場合について考えてみたい．まず，力 f_1 が時間 Δt_1，ついで f_2 が時間 Δt_2 と 2 段階に変化する場合を考えてみよう．このとき，それぞれの力による加速度は a_1 $(= f_1/m)$，a_2 $(= f_2/m)$，速度変化は $\Delta v_1 = a_1 \Delta t_1$，$\Delta v_2 = a_2 \Delta t_2$ となる．式 (5.4) をそれぞれの時間について書き下すと

$$m\Delta v_1 = f_1 \Delta t_1 \tag{5.8}$$

$$m\Delta v_2 = f_2 \Delta t_2 \tag{5.9}$$

となる．辺々足し合わせると

$$m(\Delta v_1 + \Delta v_2) = f_1 \Delta t_1 + f_2 \Delta t_2 \tag{5.10}$$

---

† ここでいう運動量とは，ジョギングやサイクリングを何分行ったかという意味で日常的に使われる運動量とは異なる．1 時間のゆっくりめのジョギングの運動量によって約 500 kcal のエネルギーが消費される，などというが，[kcal] という単位で表されることから，日常的に使われる運動量はエネルギーであるので，混同しないようにしよう．

5.1 運動量と力積

となる。運動量変化は時間 Δt_1 と Δt_2 の速度変化の合計によって表され，力積はそれぞれの力と力の継続時間との積の合計によって表されている。

ここまでに見てきた2段階に変化する力の運動量変化と力積を発展させれば，時刻 t_1 から t_2 の間で連続的に変化する一般的な力に対する運動量と力積の関係を導くことができる。時刻 t_1 から t_2 を n 分割し，連続的に変化する力を小さな時間間隔 $\Delta t = \dfrac{t_2 - t_1}{n}$ で区切って合計することを考えると

$$m \sum_{i=1}^{n} \Delta v_i = \sum_{i=1}^{n} f_i \Delta t \tag{5.11}$$

となる。上式は，$\Delta v_i = a_i \Delta t$ であることを用いると

$$m \sum_{i=1}^{n} a_i \Delta t = \sum_{i=1}^{n} f_i \Delta t \tag{5.12}$$

とも書ける。ここで，n を無限大，すなわち Δt を無限小に近づけていくと，総和は積分となり，上式左辺は

$$\begin{aligned} m \lim_{n \to \infty} \sum_{i=1}^{n} a_i \Delta t &= m \int_{t_1}^{t_2} a(t)\,dt \\ &= m \int_{t_1}^{t_2} \frac{dv}{dt}\,dt \\ &= mv(t_2) - mv(t_1) \end{aligned} \tag{5.13}$$

となる。右辺も同様に考えると，けっきょく，式 (5.11) は

$$mv(t_2) - mv(t_1) = \int_{t_1}^{t_2} f(t)\,dt \tag{5.14}$$

となる。上式右辺は，式 (5.4) の右辺で最初に紹介した力積のより一般的な定義である。式 (5.14) により，ある時間（ここでは時刻 t_1 から t_2）における運動量の変化が，その時間に与えられた力積と等しいことが示された。

2次元もしくは3次元問題の場合，速度はベクトルとなり，運動量もベクトルとなることを前項で見たが，運動量と等しい力積もまたベクトルになる。この場合，式 (5.14) は改めて

$$m\bm{v}(t_2) - m\bm{v}(t_1) = \int_{t_1}^{t_2} \bm{f}\,\mathrm{d}t \tag{5.15}$$

と表される。

力積を基本的な次元である［質量］，［長さ］，［時間］で表現すると

$$(\text{力積}) = (\text{力}) \cdot [\text{時間}] = \frac{[\text{質量}] \cdot [\text{長さ}]}{[\text{時間}]^2} \cdot [\text{時間}] = \frac{[\text{質量}] \cdot [\text{長さ}]}{[\text{時間}]}$$

となる。力積は運動量変化と等しいので，次元も単位も運動量と同じである。ただし，力積は力と力の作用している時間の積なので，その単位を力の固有の単位〔N〕を用いて〔N·s〕と表すこともできる。

5.1.3 力と力積と仕事

力は，運動方程式

$$m\bm{a} = \bm{f} \tag{5.16}$$

より，物体に質量に反比例した加速度 $\bm{a} = \dfrac{\bm{f}}{m}$ を生じさせる。この関係は，もちろん時刻に依存せずに成り立つが，時間軸上での1点，すなわちある瞬間における関係である。

つぎに，力積は

$$\bm{p}(t_2) - \bm{p}(t_1) = \int_{t_1}^{t_2} \bm{f}(t)\,\mathrm{d}t \tag{5.17}$$

より，その力が作用した有限時間における運動量の変化を生じさせる。上式を

$$m\bm{v}(t_2) - m\bm{v}(t_1) = \int_{t_1}^{t_2} \bm{f}(t)\,\mathrm{d}t \tag{5.18}$$

と書いてしまえば，単に運動方程式を時間で積分したものであるので，力で考えようが，力積で考えようが大した違いはない。しかし，考えている有限時間における力積さえわかれば，力がその間にどのように変化したかという詳しい情報はなくても，運動量の変化を求めることができる。逆もまた真であり，考えている有限時間における運動量変化がわかれば，運動量（あるいは速度）が

どのように変化したかという詳しい情報がなくても，作用した力積を求めることができる．

一方で仕事は

$$W = \boldsymbol{f} \cdot \boldsymbol{x} \tag{5.19}$$

と表され，力や力積との決定的な違いは，以下の2点である．

(1) 力や力積はベクトルであるが，仕事はスカラーである．
(2) 力は加速度，力積は運動量の変化を必然的にもたらすのに対し，仕事は力と変位の関係によって結果的に生じるものである．

1番目はその定義から明らかと思われる．2番目はやや回りくどいいい方かもしれないが，以下に例を示そう．

〔1〕 **静止した質点** まず，重力加速度 g が作用する場において，地面に置かれて静止している質量 m の質点を考える．この質点は，鉛直下向きの重力 $f = -mg$（力は上向きを正とする）および鉛直上向きの垂直抗力 $N = mg$ を受けている．力は加速度をもたらすが，$f + N = 0$ よりつり合い状態なので，質点は静止している．静止しているので，なんら力が作用していないのと同じ状態であるが，重力も垂直抗力もつねに作用している．そこで，両者が質点に与える力積と仕事について考えてみよう．時刻 $t = 0$ から $t = t_1$ において重力が質点に与えた力積は

$$I_\mathrm{g} = \int_0^{t_1} f \, \mathrm{d}t = -mgt_1$$

である．力積は運動量の変化をもたらすが，垂直抗力も重力と同じ大きさで逆向きの力積

$$I_\mathrm{N} = \int_0^{t_1} N \, \mathrm{d}t = mgt_1 = -I_\mathrm{g}$$

を質点に与えているので

$$mv(t_1) - mv(0) = I_\mathrm{g} + I_\mathrm{N} = 0 \tag{5.20}$$

より

$$mv(t_1) = mv(0) = 0 \tag{5.21}$$

となり，質点の速度はゼロのまま，すなわち静止している。つぎに重力のなした仕事だが，質点は静止しており変位しないので

$$W_\mathrm{g} = fy = -mg \times 0 = 0$$

となりゼロである。垂直抗力のなす仕事も同様に $W_\mathrm{N} = 0$ である。つまり，質点に重力と垂直抗力が与える力積の総和はゼロだが，重力と垂直抗力の力積自体はゼロではない。しかし，重力と垂直抗力のなした仕事はともにゼロである。

〔2〕 **直線運動する質点** 簡単のために，1次元に運動を限定しよう。重力加速度 g が作用する場において，地表面から高さ h の点から初速ゼロで質量 m の質点を静かに落とす。質点は重力を受けて落下し，地表に衝突しはねかえる。地表と質点の衝突を，はねかえり係数 $e = 1$ の弾性衝突[†]とすると，はねかえった質点は再び高さ h に到達する。質点が落下を始めた時刻を $t = 0$ として，地表に衝突する前の質点の任意の時刻 t における質点の速度 v，地表面からの位置 y は

$$v(t) = -gt \tag{5.22}$$

$$y(t) = h - \frac{1}{2}gt^2 \tag{5.23}$$

である。質点が最初に地表に到達する時刻 t_1 は

$$y(t_1) = 0 \tag{5.24}$$

より

$$t_1 = \sqrt{\frac{2h}{g}} \tag{5.25}$$

[†] はねかえり係数とは，二つの物体が衝突するときの，衝突前の 2 物体の近づく速さに対する衝突後の 2 物体の離れていく速さの比であり，反発係数とも呼ばれる。

5.1 運動量と力積

である。このときの速度 $v_1 = v(t_1^-)$ は[†]

$$v_1 = -g\sqrt{\frac{2h}{g}} = -\sqrt{2gh} \tag{5.26}$$

であり，地表に衝突後の速度 $v_2 = v(t_1^+)$ は，はねかえり係数 e が 1 であることから

$$v_2 = -ev_1 = -v_1 = \sqrt{2gh} \tag{5.27}$$

である。以上から，地表面に衝突後の速度 v，地表面からの位置 y は，衝突の瞬間をゼロとする時刻 $t' = t - t_1$ を用いると

$$v(t) = \sqrt{2gh} - g(t - t_1) = \sqrt{2gh} - gt' \tag{5.28}$$

$$y(t) = \sqrt{2gh}(t - t_1) - \frac{1}{2}g(t - t_1)^2 = \sqrt{2gh}\,t' - \frac{1}{2}g(t')^2 \tag{5.29}$$

となる。この例では，質点が落下し地表面に衝突してはねかえり，上昇する間，つねに重力が働いており，それに応じた加速度が生じている。さらに，重力が一定であることから，時刻ゼロを基準として任意時刻 t までに重力が及ぼす力積 $I_\mathrm{g}(t)$ は

$$I_\mathrm{g}(t) = \int_0^t -mg\,\mathrm{d}t = -mgt \tag{5.30}$$

と時間の 1 次関数となっている。上式は，質点が地表面に衝突したり，はねかえって上昇したりしても，つねに成り立つ。与えられた力積は運動量変化に等しいはずなので，これを確認しよう。時刻ゼロにおける質点の運動量はゼロであることから，時刻ゼロから t における運動量変化は，時刻 t での運動量そのものであることに注意すると，衝突前の運動量は式 (5.22) より

$$p(t) = mv(t) = -mgt \tag{5.31}$$

[†] 衝突は瞬間で起こり，衝突の前後で速度が不連続に変化する。そこで，衝突の直前の時刻を t_1^-，衝突の直後の時刻を t_1^+ とおく。$v(t_1^-)$ は y の左微分であり，$v(t_1^+)$ は y の右微分である。

となり，式 (5.30) に示した重力が質点に及ぼす力積と等しいことが確認できる。
一方，衝突後の運動量は，式 (5.25) および式 (5.28) を用いて

$$
\begin{aligned}
p(t) &= mv(t) \\
&= m\left\{\sqrt{2gh} - g(t-t_1)\right\} = m\sqrt{2gh} - \left(mgt - m\sqrt{2gh}\right) \\
&= 2m\sqrt{2gh} - mgt
\end{aligned}
\tag{5.32}
$$

と表せるが，式 (5.30) に示した重力が質点に及ぼした力積には一致しない。これは，質点が地表に衝突することにより，地表からも力積 I_{impact} を受けたからである。衝突後において，運動量変化が受けた力積に等しいという関係

$$p(t) = I_{\text{g}}(t) + I_{\text{impact}} \tag{5.33}$$

から，地表が質点に及ぼした力積 I_{impact} は

$$I_{\text{impact}} = 2m\sqrt{2gh} \tag{5.34}$$

となるはずである。これが質点の衝突の前後の運動量変化と等しいことを確認しよう。質点は地表との衝突によって，その速度が v_1 から $v_2 = -v_1$ に変化したので，衝突における運動量変化は

$$mv_2 - mv_1 = m\sqrt{2gh} - \left(-m\sqrt{2gh}\right) = 2m\sqrt{2gh} = I_{\text{impact}} \tag{5.35}$$

であり，式 (5.34) に示した地表面が質点に及ぼした力積に等しいことがわかった。衝突により速度が変化するのに要する時間は，現実的には非常に短い有限な時間であることが予想されるが，ここまでの力学の道具では，その具体的な力の時間変化を求めることはできない†。逆に，力の時間変化がわからなくても，

---

† ここでは質点が地表に到達する時刻 t_1 の瞬間に速度の変化が生じているので，衝突により速度が変化するのに要する時間 Δt は無限小である。衝突により地表から受ける力を N，衝突による力積を $N\Delta t$ とすると，$N = \dfrac{I_{\text{impact}}}{\Delta t}$ となり，Δt がゼロになると N は無限大となってしまう。しかしながら，その時間積分は力積なので，無限大ではなく有限である。この N のような量を表すために，ディラックのデルタ関数 δ が用意されている。デルタ関数 $\delta(t)$ は $t=0$ の点以外ではゼロであり，$t=0$ を含む領域で積分すると 1 になるような関数である。このデルタ関数を用いると，地表から受ける力と力積の関係は，$I_{\text{impact}} \doteq \displaystyle\int_{t_1^-}^{t_1^+} N\,dt = \int_{t_1^-}^{t_1^+} \delta(t-t_1)\,m(v_2-v_1)\,dt$ と表される。

5.1 運動量と力積

ある有限時間における力の時間積分である力積を，運動量の変化として求めることができる。

一方，重力が時刻ゼロから時刻 t までになした仕事は

$$W(t) = -mg\,(y(t) - h) \tag{5.36}$$

であり，つねに作用している重力と基準時刻からの質点の変位の積となっている。質点が地表面に衝突したあとは，質点は上昇して変位が減少することから，重力がなす仕事も衝突後は減少することになる。以上を踏まえると，衝突前に重力がなした仕事は

$$W(t) = -mg\,(y(t) - h) = \frac{1}{2}mg^2 t^2 \tag{5.37}$$

であり，衝突後に重力がなした仕事は

$$W(t) = -mg\,(y(t) - h) = mgh - mgt'\sqrt{2gh} + \frac{1}{2}mg^2(t')^2 \tag{5.38}$$

である。

この例からわかることを以下にまとめよう。

(1) 質点は，地表に衝突するときに地表から力を受ける。
(2) その力は質点に有限な力積を与える。
(3) 力積は質点の衝突前後の速度から観測できるが，衝突が瞬間的である限り力の大きさはわからない。
(4) 地表からの力は仕事をしない。
(5) 重力が質点に与える力積は，衝突の前後にかかわらず時間とともに単調増加する。
(6) 重力が質点になす仕事は，衝突前は増加し，衝突後再び頂点に達するまでは減少する。

〔**3**〕 **回転運動する質点**　2.3.1 項〔2〕と同様に，質点が座標の原点 O と質量の無視できる糸で結び付けられ，x-y 平面上で半径 r の等速円運動をしている場合を考えてみよう。質点に働く力は糸の張力のみである。質点の位置ベクトルを $\boldsymbol{x}$，角速度を ω とする。角変位 θ を用いて位置ベクトルの成分を

$$x(t) = \left\{ \begin{array}{c} r\cos\theta(t) \\ r\sin\theta(t) \end{array} \right\} \tag{5.39}$$

と表すと，速度ベクトル v は式 (2.29) で表される．同様に，加速度ベクトル a は式 (2.31) より

$$a = -\omega^2 x \tag{5.40}$$

であり，つねに原点 O を向く．加速度の大きさは変わらないが，向きは時々刻々と変化していることがわかる．このとき，糸の張力 f_T は

$$f_T = ma = -m\omega^2 x \tag{5.41}$$

となり，やはり大きさ一定で向きがつねに変化している．この力は，質点の速度ベクトルをつねに円周方向に保つ向心力となっている．つぎに，有限時間における運動の変化を考えよう．円軌道 1 周に要する時間は $T = \dfrac{2\pi}{\omega}$ であり，この間の運動量変化は $v(T) = v(0)$ であることを考慮すると

$$mv(T) - mv(0) = mv(0) - mv(0) = \mathbf{0} \tag{5.42}$$

となり，ゼロである．張力の力積ベクトルは，運動量変化に等しいのでゼロとなる．また，半周する時間における変化は，$v(T/2) = -v(0)$ を考慮すると

$$mv(T/2) - mv(0) = m(-v(0)) - mv(0) = -2mv(0) \tag{5.43}$$

である．この運動量変化が張力による力積ベクトルと等しい．

では，この間に張力がなす仕事を求めてみよう．仕事は力と変位ベクトルの内積であり，力も変位も変化しているので，着目している時間にわたって積分する必要があり

$$W = \int_{x(0)}^{x(T)} f \cdot dx = \int_0^T f \cdot v \, dt \tag{5.44}$$

となる．ここで，f はつねに中心方向，v もしくは dx はつねに円周方向を向いているため

$$\boldsymbol{f}\cdot\boldsymbol{v}=0, \quad \boldsymbol{f}\cdot\mathrm{d}\boldsymbol{x}=0$$

である。よって張力のなす仕事は

$$W = \int_{\boldsymbol{x}(0)}^{\boldsymbol{x}(T)} \boldsymbol{f}\cdot\mathrm{d}\boldsymbol{x} = 0 \tag{5.45}$$

となり，張力は仕事をまったくしないことがわかった。

この例からわかることを以下にまとめよう。

(1) 張力の力積は，質点が1周するときにちょうどゼロになる。
(2) 張力の力積は，質点が円運動する周期と同じ周期で方向・大きさともに変化する。
(3) 張力の仕事はつねにゼロである。

5.2 運動量保存則と運動方程式

5.2.1 運動量保存則

1次元における運動方程式を時間で積分した関係式 (5.14) を再び示すと

$$mv(t_2) - mv(t_1) = \int_{t_1}^{t_2} f\,\mathrm{d}t \tag{5.46}$$

であるが，これより，力が働いていない，すなわち $f=0$ の場合は

$$mv(t_2) - mv(t_1) = 0 \quad \Rightarrow \quad mv(t_2) = mv(t_1) \tag{5.47}$$

となり，運動量は変化しないことがわかる。このことを**運動量保存則**（law of conservation of momentum）と呼ぶ。運動方程式 $ma=f$ より，力がゼロであれば加速度がゼロなのだから当然と思うかもしれないが，もう少し詳しく考察してみよう。

以下では，二つの質点 A, B からなる多質点系の運動量について考える。一直線上をそれぞれ速度 v_{A0}, v_{B0} で運動している二つの質点 A, B が衝突した場合を想定しよう。衝突によって大きな力が両質点の間で短時間に作用すると考えられる。この力の大きさの時間変化がわかれば両質点の運動を解析すること

ができるが，衝突による力を，これまでに学んだことから予測あるいは計算することは難しい．しかし，すでに学んだ作用・反作用の法則から，二つの質点間に働く力はつねに同じ大きさで向きが逆であることだけは確実にいえる．つまり，質点 A が質点 B に及ぼす力を f_{AB}，質点 B が質点 A に及ぼす力を f_{BA} とすると，任意の時刻 t に対して

$$f_{BA}(t) = -f_{AB}(t) \tag{5.48}$$

が成り立つ．したがって，質点 A が質点 B に与える力積と，質点 B が質点 A に与える力積も，同じ大きさで向きが逆になっているはずである．つまり，二つの質点が接触している間に質点 A が質点 B に与える力積を I_{AB}，質点 B が質点 A に与える力積を I_{BA} とすると

$$I_{BA} = -I_{AB} \tag{5.49}$$

である．ここで，t_1 を衝突の開始時刻，t_2 を衝突の終了時刻とすると

$$I_{AB} = \int_{t_1}^{t_2} f_{AB}\,dt, \quad I_{BA} = \int_{t_1}^{t_2} f_{BA}\,dt \tag{5.50}$$

である．衝突後の質点 A, B の速度をそれぞれ速度 v_{A1}, v_{B1} とすると，運動量の変化が与えられた力積に等しいという式 (5.46) から

$$m_A v_{A1} - m_A v_{A0} = I_{BA} \tag{5.51}$$

$$m_B v_{B1} - m_B v_{B0} = -I_{BA} \tag{5.52}$$

となる．辺々を足して，二つの質点の運動量の和を，衝突前を左辺に，衝突後を右辺に整理すると

$$m_A v_{A1} + m_B v_{B1} = m_A v_{A0} + m_B v_{B0} \tag{5.53}$$

となる．多質点系のすべての質点の運動量の和を多質点系の運動量と定義すると，上式は，衝突の前後で，質点 A, B からなる多質点系の運動量が変化しないことを意味する．先に，一つの質点に力が作用していないときは運動量が変化しないことを確認したが，この例では，多質点系において質点間で及ぼし合

5.2 運動量保存則と運動方程式

う力以外に外部からの力が作用しない場合，多質点系の運動量の総和は保存されるという運動量保存則が成り立つことを確認した．なお，外部からの力のことを**外力**（external force）と呼び，質点間に作用する力のように系の内部で及ぼし合う力のことを**内力**（internal force）と呼ぶ．一つの質点では，その意味もありがたみもわかりづらかった読者もいると思うが，多質点系において考えると，系の内部においてどのような複雑な力のやりとりが起ころうとも，外部からの力がゼロであれば，系の運動量は一定に保たれるというのが運動量保存則である．運動量保存則はニュートンの三つの運動の法則と独立した法則ではなく，運動方程式と作用・反作用の法則から導かれることに注意しよう．また，運動量保存を示す式 (5.53) は任意の二つの時刻における速度の関係を示しており，その時間において質点間の内力がどんなに複雑であっても，また内力が不明であっても成り立つ．この例の衝突のように，たがいに及ぼす力を予測したり計測したりすることが困難な場合においては，運動量保存則は特に有用である．

以上のことを 2 次元や 3 次元の問題に拡張する場合は，速度や運動量，力積がベクトルであることを考慮するだけでよい．衝突前の質点 A, B の速度をそれぞれ速度 v_{A0}, v_{B0} とし，衝突前後の質点 A, B の速度をそれぞれ速度 v_{A1}, v_{B1} とし，外力が作用しないとすると

$$m_A v_{A1} + m_D v_{D1} = m_A v_{A0} + m_D v_{D0} \tag{5.54}$$

が成り立つ．さらに，質量 m_i $(i = 1, 2, \cdots, n)$，速度ベクトル v_i の n 個の多質点系の任意の時刻 t_1, t_2 における運動量の総和は，外力が作用しない限り変わらず（保存され）

$$\sum_{i=1}^{n} m_i v_i(t_1) = \sum_{i=1}^{n} m_i v_i(t_2) \tag{5.55}$$

が成り立つ．上式は，多次元，多質点系における運動量保存則の最も一般的な表現の一つである．

なお，式 (5.55) にあるような多質点系の運動量は，各質点の質量が一定（時間によって変化しない）なら

$$\sum_{i=1}^{n} m_i \boldsymbol{v}_i = \sum_{i=1}^{n} m_i \frac{\mathrm{d}\boldsymbol{x}_i}{\mathrm{d}t} = \frac{\mathrm{d}}{\mathrm{d}t}\left(\sum_{i=1}^{n} m_i \boldsymbol{x}_i\right) = m \frac{\mathrm{d}\boldsymbol{x}_\mathrm{g}}{\mathrm{d}t} \tag{5.56}$$

と表せる．ここで，m および $\boldsymbol{x}_\mathrm{g}$ は式 (2.63) にその定義を示した質点系の全質量と質量中心である．つまり，多質点系の運動量は，全質量と質量中心の速度の積と考えることもできる．また，外力が作用せず，運動量が保存される場合，質量中心の速度が不変であるということもできる．

5.2.2　運動量保存則と運動方程式の関係

1 次元の 1 質点系の運動量保存を表す式 (5.47) を運動量 p により表すと

$$p(t_2) - p(t_1) = 0 \tag{5.57}$$

となる．運動量の変化率について考えるために，上式の両辺を $\Delta t = t_2 - t_1$ で割り，Δt を無限小に近づけると

$$\lim_{\Delta t \to 0} \frac{p(t_1 + \Delta t) - p(t_1)}{\Delta t} = 0 \tag{5.58}$$

を得る．左辺は微分の定義そのものであるから，さらに

$$\frac{\mathrm{d}p}{\mathrm{d}t} = 0 \tag{5.59}$$

を得る．運動量 p は mv であるから，上式の左辺の運動量の時間微分は

$$\frac{\mathrm{d}p}{\mathrm{d}t} = \frac{\mathrm{d}(mv)}{\mathrm{d}t} = \frac{\mathrm{d}m}{\mathrm{d}t}v + m\frac{\mathrm{d}v}{\mathrm{d}t} \tag{5.60}$$

となり，質量 m が一定であれば，上式は

$$\frac{\mathrm{d}p}{\mathrm{d}t} = m\frac{\mathrm{d}v}{\mathrm{d}t} = ma \tag{5.61}$$

となる．したがって，運動方程式

$$ma = f \tag{5.62}$$

は，質量 m が一定であれば，運動量を用いて

$$\frac{\mathrm{d}p}{\mathrm{d}t} = f \tag{5.63}$$

と表すこともできる。運動量で表した運動方程式 (5.63) は，質量が一定でなければ

$$\frac{\mathrm{d}m}{\mathrm{d}t}v + m\frac{\mathrm{d}v}{\mathrm{d}t} = f \tag{5.64}$$

であることを意味する。上式は，いわゆる運動方程式 $ma = f$ を含んでいるが，運動方程式 $ma = f$ から導くことはできない。ただし，ニュートンは『プリンシピア』において，「運動（本書でいう運動量）の変化は加えられた動力に比例し，かつその力が働いた直線の方向にそって行われる」と書いており[†1]，より一般的な運動方程式 (5.64) が成り立つことが認められている。運動方程式 (5.64) は燃料を噴射しながら運動するロケットのように，質量が時間とともに変化する物体の運動も記述でき，適用範囲が広い[†2]。

上記の 1 次元の場合の素直な拡張として，2 次元もしくは 3 次元における，より一般的な運動方程式は

$$\frac{\mathrm{d}\boldsymbol{p}}{\mathrm{d}t} = \boldsymbol{f} \quad \text{もしくは} \quad \frac{\mathrm{d}m}{\mathrm{d}t}\boldsymbol{v} + m\frac{\mathrm{d}\boldsymbol{v}}{\mathrm{d}t} = \boldsymbol{f} \tag{5.65}$$

である。

演 習 問 題

[**5.1**] 運動量の単位 [kg·m/s] と力積の単位 [N·s] が等しいことを確認せよ。

[**5.2**] 質量 m, M の質点 1, 2 がそれぞれ速度 v_1, v_2 で x 軸上を運動している。二つの質点が衝突したあとの速度を求めよ。なお，二つの質点は衝突後も x 軸上を運動し，衝突によって力学的エネルギーは保存される（はねかえり係数 $e = 1$）とせよ。

[†1] 著者は原著を読んではおらず，参考文献 5) に挙げた日本語訳から引用させていただいた。この本は本書執筆時において絶版であり，新品を購入することはできない。大学の図書館などで見かけたら，ぜひ手にとってほしい。

[†2] 本書では，土木・環境系の技術者がロケットのような物体を取り扱うことが稀であろうことと，学習の順序と理解のしやすさを考えて，ニュートンの運動の第 2 法則として運動方程式 $ma = f$ を紹介した。

〔**5.3**〕〔5.2〕において，二つの質点の質量が同じ $M = m$ のときの，衝突したあとの二つの質点の速度を求めよ．また，質点2の質量 M が質点1の質量 m に比べて非常に大きい場合の，質点1の衝突後の速度を求めよ．

〔**5.4**〕 質量 m の質点が速度 v_1 で x 軸上を運動している．質点を棒で打ち返したところ，速度が $-v_1$ となった．棒が質点に与えた力積を求めよ．

〔**5.5**〕〔5.4〕において，質点と棒の衝突に要した時間が Δt であり，この間，棒が質点に与えた力が一定であったとき，棒が質点に及ぼした力および力のなした仕事を求めよ．また，この力および仕事と Δt の関係について考察せよ．

〔**5.6**〕 x 方向にのみ自由に動ける質量 m の台車が滑らかな水平面に置いてある．この台車に質量 m の人が3人乗っており，人も台車も静止している．台車の上の人が，1人ずつ台車に対して速度 v_0 で台車から飛び降りた．3人すべて飛び降りたあとの台車の速度を求めよ．

〔**5.7**〕 同じ質量 m の質点1, 2が滑らかな水平面にある．質点1が x 軸の正方向に速さ v_0 で等速直線運動し，静止していた質点2に衝突した．衝突後の質点1, 2の速度の向きと x 軸とのなす角は，それぞれ α_1 および $\alpha_2 \neq \alpha_1$ であった．衝突後の質点1, 2の速さ v_1, v_2 を求めよ．

〔**5.8**〕〔5.7〕において系の力学的エネルギーが保存されるとき，質点1, 2の衝突後の運動の方向と，x 軸とのなす角 α_1, α_2 の間に成り立つ関係を求めよ．

6章 剛体の力のつり合い

◆本章のテーマ

本章では，これまで考えてこなかった「大きさ」を持つ物体，すなわち剛体を考える。物体に大きさがあることで，作用する力が物体のどの点に作用するのかや，物体の向き，すなわち回転について考える必要が出てくる。力についても，単に平行移動（並進）させる作用だけでなく，物体を回転させる作用がある。これを力のモーメントと呼ぶ。剛体が静止するためには，力だけではなく力のモーメントがつり合っている必要がある。さらに，たとえ二つのつり合いを満たしていたとしても，剛体がほんの少し動いたときに剛体をもとに戻そうとする力が働かない場合，現実的にそのつり合い状態を保つことができない。このことから，安定・不安定について学ぶ。

◆本章の構成（キーワード）

6.1 2次元の剛体のつり合い
 剛体，力の作用点と作用線，力のつり合い，力のモーメント，外積，モーメントのつり合い，合力，偶力
6.2 3次元の剛体のつり合い
 力のつり合い，モーメントとベクトル，モーメントのつり合い
6.3 安定と不安定
 安定，不安定，復元力

◆本章を学ぶと以下の内容をマスターできます

☞ 力のモーメントは位置と力の外積で表される
☞ 1点に作用しない複数の力の合成
☞ 偶力とはなにか
☞ 剛体のつり合い条件の記述
☞ 剛体の運動の自由度
☞ 安定なつり合いと不安定なつり合い

6.1 2次元の剛体のつり合い

6.1.1 剛体

これまでは，質量はあるが大きさのない質点に対する力学を見てきた。しかし，質量はあるのに大きさがゼロということは，密度が無限大になり，非現実的な仮定であるともいえる。現実の物体は質量も大きさも持ち，変形もするが，質量と大きさは持つものの変形はしない物体を**剛体**（rigid body）と定義し，以下ではその力学を考えよう。

そもそも，最初に質点について考察する理由は，作用する力の合計を考えるだけで運動が記述できるためである。大きさという概念が加わると，物体に作用している力が，物体のどこに作用しているかを考えなくてはならなくなる。さらに，大きさがなければ，物体の状態は位置と速度で記述できるが，大きさがある場合は，たとえ同じ場所にあっても向きが異なれば同じ状態とはいえない。したがって，変位や速度に加えて，向きや回転速度といった量も考える必要が出てくる。2次元の問題において，質点の自由度は平面内の位置の成分の数と同じ2であったが，剛体の場合は，平面内の向きも状態を表すために必要な変数となり，自由度は3となる。

6.1.2 力の作用点と作用線

質点だけを考えていたときは，力は必ず質点という1点に作用するので，力が作用する場所は特に断らなかったが，剛体には大きさがあるので，力が作用する場所が違えば，その後に起きる力学現象に違いが生じる。そこで，力の作用する場所を**作用点**（point of application）と呼ぶ。1章で，力はベクトルであり，大きさと向きを持つことを学んだが，それに作用点を加えた大きさ・向き・作用点を**力の3要素**（three elements of force）と呼ぶ。

力ベクトルが物体に作用する点を通り，力ベクトルと同じ方向の直線，すなわち力ベクトルを含む直線を，力の**作用線**（line of action）と呼ぶ。図**6.1**に質点と，質点に作用する三つの力ベクトルを示し，力ベクトルの作用線を破線

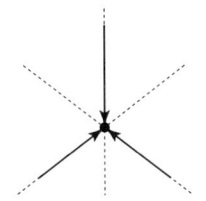

図 6.1 質点に作用する力ベクトルと作用線

で表した．質点には大きさがないので，質点に作用する複数の力ベクトルの作用点は同一であり，作用線はすべて1点（質点）で交わる．

一方，力の作用する物体に大きさがある場合，作用する力ベクトルは必ずしも同一の点に作用するとは限らず，したがって，必ず作用線が1点で交わるとも限らない．図 6.2 に剛体と剛体に作用する三つの力ベクトルを示し，力ベクトルの作用線を破線で表した．(a) では，剛体に作用する複数の力ベクトルの作用点はそれぞれ異なるが，すべての作用線は1点で交わっている．それに対して，(b) では剛体に作用する複数の力ベクトルの作用点がそれぞれ異なり，すべての作用線は1点で交わっていない．

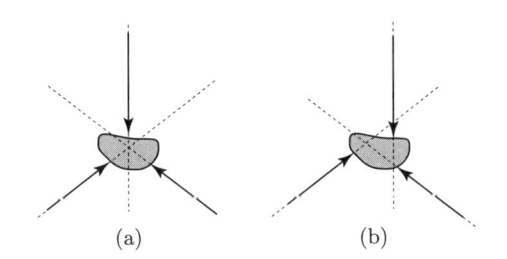

図 6.2 剛体に作用する力ベクトルと作用線

6.1.3 力のつり合い

大きさのある剛体に n 個の力 $\boldsymbol{f}_i\ (i=1,2,\cdots,n)$ が作用している場合の剛体の力のつり合いは，質点のときと同様に

$$\sum_{i=1}^{n} \boldsymbol{f}_i = \boldsymbol{0} \tag{6.1}$$

と記述できる．もし，つり合い式 (6.1) を満たしており，かつ図 6.2 (a) に示すように，作用している力 $\boldsymbol{f}_i$ の作用線がすべてある1点で交わるのであれば，剛

体はその運動の状態を変化させない。したがって、力が作用する前に静止していれば、静止状態を続ける。もし、つり合い式 (6.1) を満たしているが、作用している力 f_i の作用線が 1 点で交わらない場合、剛体の速度は変化しないが、回転の状態も変化しないとは言い切れない。回転の状態の変化については、このあとで詳しく述べる。

6.1.4 力のモーメント

力のモーメントを理解するために、まず図 6.3 に示すように、やや特別な場合から考えよう。長さ ℓ の剛体の棒を水平に置き、自由に回転できるヒンジで左端 O を固定する。この棒の右端に紙面上向きの力 f を作用させる。

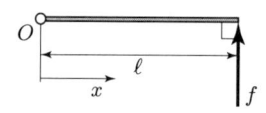

図 6.3 棒に垂直な力のモーメント

まずは、この剛体の棒がどうなるか、想像してみよう。これまでの質点の力学で考えれば、棒が紙面上方に運動方程式に従って加速するはずである。しかし、それだけではなく棒が反時計回りに回転すると直感的に思うのではないだろうか。その直感は正しく、このような実験を行ってみれば、実際に棒は左端 O を中心に回転を始めるだろう。つまり、力は単に物体を平行移動（並進）させる作用だけではなく、物体を回転させる作用も持っているのである。この、「物体を回転させる力の作用」を**力のモーメント**（moment of force）と呼ぶ。力のモーメントは、単にモーメントと呼ばれることもある。回転させようとする力は、当然、力の大きさに比例するだろう。ただし、それだけではなく、てこの原理で知られるように、力と回転の中心との間の距離にも比例する。したがって、図 6.3 のように回転中心 O から距離 ℓ の点に、距離 ℓ を測る直線と垂直に大きさ f の力が作用している場合、点 O を基準とした力のモーメント N は

$$N = f\ell \tag{6.2}$$

と表される。ここでは，反時計回りに回転させる力のモーメントの向きを正と定義した。ここで，「点 O を基準とした」と書いたのは，力が回転させる作用は，どの点を回転中心と考えるかで変わってくるからであり，力のモーメントを考える際は，どの点を基準，あるいは回転中心とするかを明らかにする必要がある。「点 O を基準とした力のモーメント」は「点 O まわりの力のモーメント」などと表現されることもある。力の向きが図 6.3 に示す力と逆向きの場合，点 O を基準とした力のモーメントは時計回りとなり

$$N = -f\ell \tag{6.3}$$

となる。

力のモーメントを基本的な次元である [質量], [長さ], [時間] で表現すると

$$(力のモーメント) = (力) \cdot [長さ] = \frac{[質量] \cdot [長さ]}{[時間]^2} \cdot [長さ]$$
$$= \frac{[質量] \cdot [長さ]^2}{[時間]^2}$$

である。モーメントの単位は組立単位で $[\mathrm{kg \cdot m^2/s^2}]$ となるが，力の単位に固有の $[\mathrm{N}]$ を用いて $[\mathrm{N \cdot m}]$ と表すこともできる。力のモーメントの次元は仕事やエネルギーと同じだが，力のモーメントの単位に仕事固有の単位 $[\mathrm{J}]$ は用いない。

つぎに，図 6.4 に示すように，作用している力が距離 ℓ を測る直線と垂直でない場合の力のモーメントについて考えてみよう。

図 6.4 棒に垂直でない力のモーメント

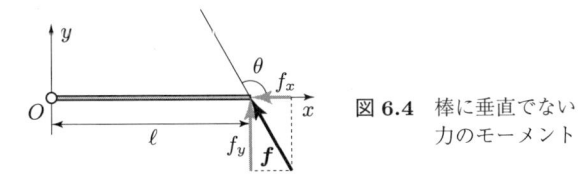

力 f は力の平行四辺形で見たように，任意の方向の成分に分解できる。そこで，回転中心から力の作用点を結ぶ方向を x (右向きを正)，それと垂直な方向

を y(上向きを正)として,力 $\boldsymbol{f}$ を x, y 方向に分解してみよう。力 $\boldsymbol{f}$ の大きさを f,x 軸の正の向きと力ベクトル $\boldsymbol{f}$ のなす角を θ(反時計回りを正),力の x 方向の成分を f_x,y 方向の成分を f_y とすると

$$f_x = f\cos\theta, \quad f_y = f\sin\theta \tag{6.4}$$

である。力の y 方向成分のモーメントについては,図 6.3 に示した先ほどの例と同じように考えることができる。一方で,力の x 方向成分は,その作用線が回転中心を通っているので,回転させる作用はない。つまり,回転させる作用,すなわち力のモーメントは,回転中心から作用点までの線分の長さと,その線分に垂直な方向の力の成分によって決まると理解することができる。したがって,点 O を基準とした力 $\boldsymbol{f}$ のモーメント N は,力の y 方向成分と,回転中心から力の作用点までの距離 ℓ の積として

$$N = f_y \ell = f\ell\sin\theta \tag{6.5}$$

と表すことができる。

つぎは,図 6.3 から力が作用線方向に少し移動した場合にどうなるかを考えてみよう。図 **6.5** に示すように,y 軸正方向の力を回転中心から x 軸方向に ℓ_x,y 軸方向に ℓ_y の点に作用させたとする。つまり,図 6.3 において,ℓ を改めて ℓ_x とおいて,力の作用点を y 方向に ℓ_y だけ移動させた場合を想定する。このとき,回転中心と力の作用点を結ぶ直線と,x 軸正方向のなす角を θ とする。

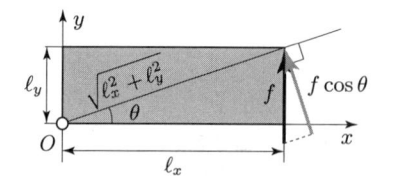

図 **6.5** 棒に垂直な力の作用点を変化させたときのモーメント

先ほど,力のモーメントは「回転中心から作用点までの線分の長さと,その線分に垂直な方向の力の成分の距離」であることがわかった。回転中心から作用点までの線分の長さは $\sqrt{\ell_x^2 + \ell_y^2}$ であり,線分に垂直な方向の力の成分は $f\cos\theta$

である。よって，力のモーメントは $f\cos\theta\sqrt{\ell_x^2+\ell_y^2}=f\ell_x$ となり，力を作用線方向に移動する前と同じ結果となった。ここで，$\cos\theta=\dfrac{\ell_x}{\sqrt{\ell_x^2+\ell_y^2}}$ を用いた。この例からわかることは，ある力を作用線上で移動しても，回転させる作用，すなわち力のモーメントは変わらないということである。

6.1.5 力のモーメントと外積

さらに一般的に考えるため，力の作用点と向きを任意にして考えてみよう。図 6.6 に示すように，回転中心から x, y 方向にそれぞれ ℓ_x, ℓ_y だけ離れた点に，任意の向きを持った力 $\boldsymbol{f}$ が作用している。

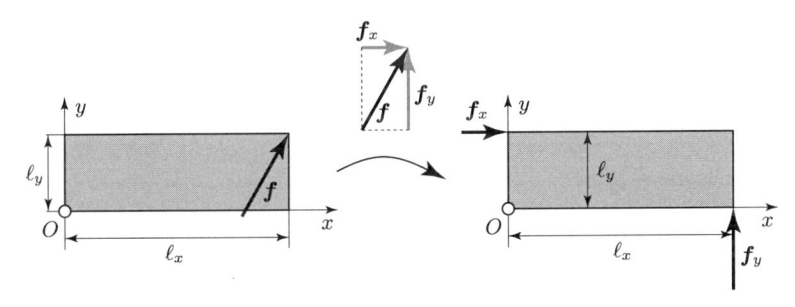

図 6.6 棒に垂直でない力の作用点を変化させたときのモーメント

力 $\boldsymbol{f}$ の x, y 方向の成分はそれぞれ f_x, f_y とする。力 $\boldsymbol{f}$ を力の平行四辺形を用いて x, y 軸方向に分解し，それらを $\boldsymbol{f}_x, \boldsymbol{f}_y$ とする。分解した二つの力を，それぞれの x, y 方向成分と基底ベクトルを用いて表すと，$\boldsymbol{f}_x = f_x \boldsymbol{e}_x,\ \boldsymbol{f}_y = f_y \boldsymbol{e}_y$ である。先ほど，力は作用線上を移動させても回転させる作用は変わらないことがわかったので，$\boldsymbol{f}_x, \boldsymbol{f}_y$ をそれぞれ y 軸上，x 軸上に移動する。x 軸方向の力 $\boldsymbol{f}_x$ が回転中心に対してなす力のモーメントは，その大きさに回転中心までの距離 ℓ_y をかけて $-f_x\ell_y$ となる。負の符号は，時計回りの回転を意味する。y 軸方向の力 $\boldsymbol{f}_y$ が回転中心に対してなす力のモーメントは，最初に考えたケースと同様で $f_y\ell_x$ となる。よって，分解する前のもとの力 $\boldsymbol{f}$ の点 O を基準とした力のモーメント N は，分解した二つの力のモーメントの合計として

$$N = f_y \ell_x - f_x \ell_y \tag{6.6}$$

となる。上式から，力のモーメントの大きさは，力ベクトルの成分と，回転中心から力の作用点までのベクトルの成分によって表されると理解できる。さらに，回転中心から作用点を結ぶ位置ベクトル ℓ を定義しておくと，任意の二つのベクトルの外積が

$$\boldsymbol{\ell} \times \boldsymbol{f} = \left\{\begin{array}{c} \ell_x \\ \ell_y \\ \ell_z \end{array}\right\} \times \left\{\begin{array}{c} f_x \\ f_y \\ f_z \end{array}\right\} = \left\{\begin{array}{c} \ell_y f_z - \ell_z f_y \\ \ell_z f_x - \ell_x f_z \\ \ell_x f_y - \ell_y f_x \end{array}\right\} \tag{6.7}$$

と表される[†]ことから，式 (6.6) は位置ベクトル ℓ と力ベクトル f の外積の z 軸方向成分であることに気づくだろう。したがって，この例では $\ell_z = 0$ かつ $f_z = 0$ を考慮すると，改めて力のモーメントをベクトル N として

$$N = \boldsymbol{\ell} \times \boldsymbol{f} = (\ell_x f_y - \ell_y f_x)\, \boldsymbol{e}_z \tag{6.8}$$

と書くことができる。

　力のモーメントが，突然ベクトルになったので戸惑うかもしれないが，つぎのように考えてみよう。いままで，力のモーメントを考える上で基準となる点を回転の中心と表していたが，回転の軸の向きについては言及していなかった。これは，2次元における回転の軸が，考えている平面に対して垂直な方向以外にあり得ないためである。そのため，これまで力のモーメントを考える際に回転中心と大きさだけを考えていたが，その代わりに，回転中心を通る回転の軸（ここでは平面に垂直）と大きさを考えることにする。そうすると，力のモーメントは，向き（回転軸の向き）と大きさを持つことになるので，ベクトルとして表すのが自然だろう。

[†] 外積の公式は

$$\boldsymbol{\ell} \times \boldsymbol{f} = \begin{vmatrix} \boldsymbol{e}_x & \boldsymbol{e}_y & \boldsymbol{e}_z \\ \ell_x & \ell_y & \ell_z \\ f_x & f_y & f_z \end{vmatrix}$$

と表すこともできる。$|\cdot|$ は行列式を表す。3×3 の行列の行列式を知っていれば，こちらのほうが覚えやすいだろう。

なお，外積は

$$\boldsymbol{\ell} \times \boldsymbol{f} = \boldsymbol{n}|\boldsymbol{\ell}||\boldsymbol{f}|\sin\theta \tag{6.9}$$

と表すこともできる。ここで，$\boldsymbol{n}$ は位置ベクトル $\boldsymbol{\ell}$ と力ベクトル $\boldsymbol{f}$ に垂直で，それらと右手系をなす[†1]ような単位ベクトル（ノルムが1のベクトル）である。さらに，$\boldsymbol{n}$ が単位ベクトルであることから，外積の大きさは

$$|\boldsymbol{\ell} \times \boldsymbol{f}| = |\boldsymbol{\ell}||\boldsymbol{f}|\sin\theta \tag{6.10}$$

と表すこともでき，位置ベクトル $\boldsymbol{\ell}$ と力ベクトル $\boldsymbol{f}$ からなる平行四辺形の面積と同じであることがわかる。図 6.7 に，位置ベクトル $\boldsymbol{\ell}$ と力ベクトル $\boldsymbol{f}$ からなる平行四辺形と，紙面に垂直で紙面裏から表に向かう力のモーメントベクトルを記号 ⊙ で表す[†2]。

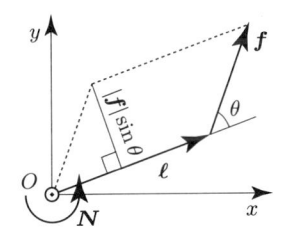

図 6.7　力のモーメントベクトルと外積

6.1.6　モーメントのつり合い

モーメントのつり合いは，剛体の回転の状態を変化させない条件であり，n 個の力ベクトルが作用している場合，それらの力のモーメントベクトル $\boldsymbol{N}_i$ を用いて

$$\sum_{i=1}^{n}\boldsymbol{N}_i = \sum_{i=1}^{n}\boldsymbol{\ell}_i \times \boldsymbol{f}_i = \boldsymbol{0} \tag{6.11}$$

[†1] ベクトル $\boldsymbol{\ell}$ を右手親指，ベクトル $\boldsymbol{f}$ を右手人差指としたときに，右手中指の向きがベクトル $\boldsymbol{n}$ となるとき，ベクトル $\boldsymbol{\ell}$-$\boldsymbol{f}$-$\boldsymbol{n}$ は右手系をなすという。また，ベクトル $\boldsymbol{\ell}$ からベクトル $\boldsymbol{f}$ に向けて右ねじを回すときにねじが進む方向が $\boldsymbol{n}$ ということもできる。
[†2] なお，紙面表から裏に向かうベクトルは記号 ⊗ で表す。紙面裏から表に向かう ⊙ は弓矢の矢を矢の先（矢じり）から見たイメージ，紙面表から裏に向かう ⊗ は矢を後ろ（矢羽）から見たイメージを頭に浮かべると覚えやすいだろう。

と表される.上式はベクトルで表されているものの,2次元におけるモーメントベクトルは考えている平面と直交するので,実際は1次元の問題となっている.モーメントのつり合い式をスカラーで表すこともできるが,単に「モーメントベクトルのノルムの和がゼロ」と考えてはならない.ノルムは非負であり,正負の情報が落ちてしまうからである.モーメントのつり合い式を正しくスカラーで表すには,モーメントベクトルと平面直交方向の基底との内積を考えればよい.そうすることで,正負の情報を正しく考慮することができ,この場合のつり合い式は

$$\sum_{i=1}^{n} \bm{N}_i \cdot \bm{e}_z = \sum_{i=1}^{n} (\bm{\ell}_i \times \bm{f}_i) \cdot \bm{e}_z$$
$$= (\ell_i)_x (f_i)_y - (\ell_i)_y (f_i)_x = 0 \qquad (6.12)$$

となる.ここで,例えば $(f_i)_x$ は $\bm{f}_i$ の x 方向成分を意味し,式 (6.8) を考慮した.

ところで,$\bm{\ell}$ をこれまで力ベクトルの作用点と回転中心を結ぶ位置ベクトルとして用いてきた.前項では,剛体がある回転中心で並進運動を制限されている例を考えたが,剛体はいつもそのように拘束されているとは限らない.剛体が回転する場合の中心は,無数に考えることができるが,すべての点を回転中心としてモーメントのつり合い式 (6.11) が成立しなければ,剛体は回転してしまうのだろうか.結果からいえば,答えはノーである.ある点を回転中心に選び,モーメントのつり合い式が成り立てば,剛体は回転しない.逆にいえば,ある1点を回転中心としてモーメントのつり合い式が成り立てば,他の任意の点を回転中心としても,モーメントのつり合い式が成立するということである.このことを,図 **6.8** に示す三つの力を受ける剛体を例に確認しよう.この例では,話を単純化するために,力はすべて紙面内上下方向にのみ作用しているとする.まず,剛体に対する上下方向の力のつり合いは,上向きを正とすると

$$f_1 + f_2 - f_3 = 0 \qquad (6.13)$$

である.つぎに,左下端の点 A を回転中心とするモーメントのつり合い式は,

6.1 2次元の剛体のつり合い

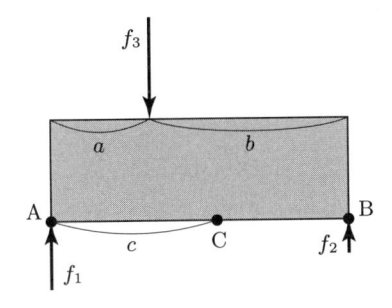

図 6.8 力のモーメントのつり合い

反時計回りを正として

$$0 \times f_1 + (a+b)f_2 - af_3 = 0 \tag{6.14}$$

である。つぎに，点 A を回転中心とするモーメントのつり合いが満足されているときに，点 B を回転中心とするモーメントのつり合いが満たされることを示そう。回転中心を点 B とするモーメントの合計 N_B は

$$N_B = (a+b) \times (-f_1) + 0 \times f_2 + bf_3 \tag{6.15}$$

となる。つり合い式 (6.13) を用いて f_1 を消去すると

$$N_B = (a+b)(f_2 - f_3) + bf_3 = (a+b)f_2 - af_3 \tag{6.16}$$

となる。この関係は点 A を回転中心としたモーメントの合計と同じであり，式 (6.14) よりゼロとなる。したがって，点 A を回転中心としたモーメントのつり合いが成り立てば，点 B を回転中心としたモーメントもつり合うことが示された。同様に，任意の点のモーメントもつり合うことを示そう。回転中心を点 A から任意の距離 c だけ右に離れた点 C とすると，このときのモーメントの合計 N_C は

$$\begin{aligned} N_C &= (0-c)f_1 + (a+b-c)f_2 - (a-c)f_3 \\ &= 0 \times f_1 + (a+b)f_2 - af_3 - c(f_1 + f_2 - f_3) \end{aligned} \tag{6.17}$$

となる。つり合い式 (6.13) を用いると

$$N_C = (a+b)f_2 - af_3 \tag{6.18}$$

となる。N_C は点 A を回転中心としたモーメントの合計と同じであり，式 (6.14) よりゼロとなる。したがって，剛体のモーメントのつり合いは，任意の点を回転中心と考えてよいことがわかった。

　最後に，モーメントのつり合いを考える際の回転中心は任意の点でよいことを，より一般的な場合で考えてみよう。つり合い式は，式 (6.1) をもう一度書くと

$$\sum_{i=1}^{n} \boldsymbol{f}_i = \boldsymbol{0} \tag{6.19}$$

である。同様に，原点を回転中心としたモーメントのつり合い式は，式 (6.11) をもう一度書くと

$$\sum_{i=1}^{n} \boldsymbol{N}_i = \sum_{i=1}^{n} \boldsymbol{\ell}_i \times \boldsymbol{f}_i = \boldsymbol{0} \tag{6.20}$$

である。ここで回転中心を原点から $\boldsymbol{a}$ の点へと変更すると，力の作用位置と回転中心 $\boldsymbol{a}$ との位置ベクトルはそれぞれ $\boldsymbol{\ell}_i$ から $\boldsymbol{\ell}_i - \boldsymbol{a}$ となることから，モーメントの合計は

$$\sum_{i=1}^{n} \boldsymbol{N}_i = \sum_{i=1}^{n} (\boldsymbol{\ell}_i - \boldsymbol{a}) \times \boldsymbol{f}_i \tag{6.21}$$

となる。この式を変形すると

$$\sum_{i=1}^{n} \boldsymbol{N}_i = \sum_{i=1}^{n} \boldsymbol{\ell}_i \times \boldsymbol{f}_i - \boldsymbol{a} \times \sum_{i=1}^{n} \boldsymbol{f}_i \tag{6.22}$$

となる。上式の右辺第 1 項は原点を回転中心としたモーメントのつり合い式 (6.20) よりゼロとなり，右辺第 2 項の $\boldsymbol{f}_i$ の和はつり合い式 (6.19) よりゼロとなることから，けっきょく，任意の点 $\boldsymbol{a}$ を回転中心としたモーメントもつり合いを満たすことがわかる。

6.1.7　剛体に作用する力の合力

　1 章では，質点に作用する複数の力の合成や，力の分解が可能であることを学んだ。質点に作用する複数の力は作用点が同じであり，平行四辺形の法則を

用いて力を合成することができた。逆に，ある力を平行四辺形の法則により任意の方向に分解することもできた。剛体に作用する力は，作用点が必ずしも等しくないので，1章の結果をそのまま適用することはできない。

6.1.4 項において，力ベクトルの作用点を作用線に沿って移動させても，結果として生じるモーメントは変わらないことを確認した。平行でない二つの力ベクトルの作用点は 1 点で交わるので，それぞれの力ベクトルを交点に移動させることによって，質点のときとまったく同じように力を合成することができる。具体的に，図 6.9 に示すように，剛体に二つの平行でない力 f_1, f_2 が作用している場合を考えてみよう。図 6.9 (a) に示すように，二つの力を作用線に沿って作用線の交点まで移動させ，合力 f を平行四辺形の法則によって合成する。図 6.9 (b) に示すように，合成された合力は，作用線上の任意の点に移動させることができる。

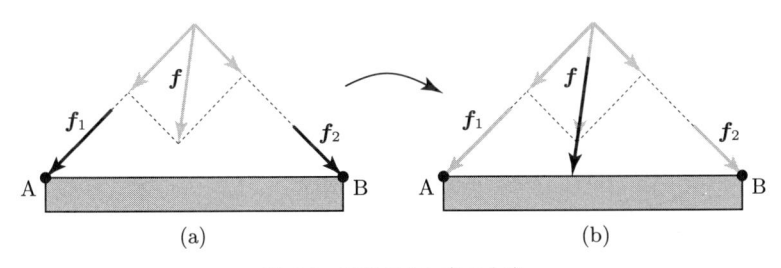

図 6.9　平行でない力の合成

では，平行な二つの力ベクトルの合成はどう考えたらよいか。やり方はいくつか考えられるが，まず基本的な考え方を説明しよう。剛体に作用する二つの平行な力ベクトルを一つの力ベクトルで表すことが課題だが，大前提として剛体に及ぼす影響が二つの力と合成した一つの力で同じにならなければならない。剛体に及ぼす影響とは，ここでは力の合計とある点を回転中心とした力のモーメントの合計である。したがって，合力の大きさと向きは，単に二つの力ベクトルの合計（和）とし，その合力のモーメントがもとの二つの力のモーメントの合計と等しくなるように，合力の作用点を定めればよい。

図 **6.10** に示すように，剛体に二つの平行な力 f_1, f_2 が作用している場合を考えてみよう。

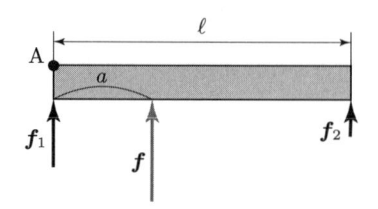

図 **6.10**　平行な力の合成

簡単のために，二つの力は紙面上向きであり，力の上下方向の成分をそれぞれ f_1, f_2 とする。二つの力の合力ベクトルを f とし，その上下方向の成分を f すると，f は単に二つの力ベクトルの和として

$$f = f_1 + f_2 \quad \text{あるいは} \quad f = f_1 + f_2 \tag{6.23}$$

と表せる。問題はその作用位置であるが，ある点を回転中心とした二つの力のモーメントの合計と合力のモーメントが等しくなるという基本的な考え方に沿って，合力の作用位置を求めればよい。左上端 A を回転中心とした二つの力のモーメントの合計 N_r は，反時計回りを正として

$$N_\mathrm{r} = 0 \times f_1 + \ell f_2 \tag{6.24}$$

となる。合力 f の作用位置を点 A から a の距離として，点 A を回転中心とした合力による力のモーメント N_c は

$$N_\mathrm{c} = af \tag{6.25}$$

である。二つの力のモーメントの合計と合力のモーメントは等しい，すなわち $N_\mathrm{r} = N_\mathrm{c}$ より

$$0 \times f_1 + \ell f_2 = af \tag{6.26}$$

となり，上式より

$$a = \frac{f_2}{f} \ell = \frac{f_2}{f_1 + f_2} \ell \tag{6.27}$$

のように合力の作用位置 a が得られる。ここでは,二つの力はともに上向きとして考えたが,どちらか,あるいは両方の力が下向きであっても,f_1 や f_2 は上下方向の成分なので,対応する成分が負になるだけで,合力の作用点を求める式 (6.27) はそのまま用いることができる。

　先に見た平行な力の合力ベクトルは,平行でない力の合力ベクトルと同じように,図解的に求めることもできる。**図 6.11** (a) に示す図 6.10 と同じ例で考えてみよう。図 6.11 (b) に示すように,二つの力に平行でない適当な力ベクトル f_3 とその逆向きの $-f_3$ を剛体中の同じ作用線上に作用させてみる。ここでは簡単のために,二つの力ベクトルと直交する方向に,二つの力ベクトルの作用点を結ぶ線上で f_3 と $-f_3$ を作用させた。適当な力 f_3 と $-f_3$ の合力はゼロであり,同一作用線上に作用しているので,力のモーメントの合計もゼロとなり,剛体になんら影響を及ぼさない。

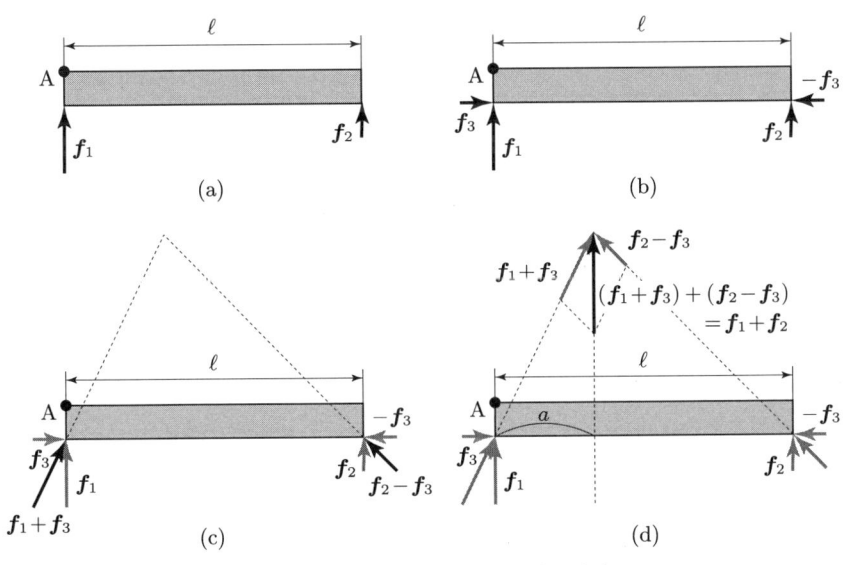

図 6.11　図式解法による平行な力の合成

　f_1 と f_3 は平行ではなく,かつ同　作用点に作用しているので,図 6.11 (c) に示すように,質点に作用する力ベクトルの合成と同様に,平行四辺形の法則によ

り合力 $f_1 + f_3$ を求めることができる．f_2 と $-f_3$ についても同様である．それぞれの合力は作用点は異なるが，平行ではないので，図 6.9 の方法でそれぞれの合力の作用線の交点に移動させることで，図 6.11 (d) に示すように，さらに合力を求めることができる．最終的に得られた合力は $(f_1 + f_3) + (f_2 - f_3) = f_1 + f_2$ となり，当然のことながら便宜上用いた f_3 には影響を受けない．合力 $f_1 + f_2$ の作用線と剛体との交点は，先に求めたように左端から距離 a の点となっている．

6.1.8 偶 力

平行だが向きが異なり，かつ大きさが等しい二つの力の合力を考えてみよう．図 **6.12** にそのような状況の例を示す．

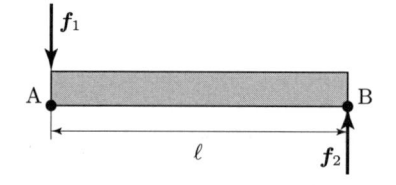

図 6.12 同じ大きさで，平行で向きの異なる力（偶力）

同じ大きさで向きが逆なので，$f_2 = -f_1$ である．したがって，それらの合計は

$$f_1 + f_2 = f_1 - f_1 = 0 \tag{6.28}$$

とゼロになる．合力はゼロなので，この剛体は力のつり合いを満たし，合力の作用点を考える意味はなくなる．また，合力はゼロであるが，図 6.12 に示した剛体はいかにも回転しそうである．試しに，左下端 A を回転中心とする力のモーメントを計算してみよう．反時計回りを正とし，先ほどと同様に二つの力の上下方向の成分を $f_1 = -f$ および $f_2 = f$ とすると

$$0 \times f_1 + \ell f_2 = \ell f \tag{6.29}$$

となる．つり合い状態にある剛体に作用する力のモーメントは，どの点を回転

中心としても変わらないことを前項で学んだので，上記の力のモーメントの合計は，どこを回転中心としても変わらない。以上から，大きさは同じで向きが反対である二つの力によって，力はゼロで力のモーメントのみが剛体に作用することがわかった。このような力の組を**偶力**（couple）と呼ぶ。

つぎに，図 6.12 の二つの力の間の距離を $\frac{1}{2}$ 倍にして，代わりに力の大きさをそれぞれ 2 倍にした場合を考えてみよう。**図 6.13** (a) は f_1, f_2 を 2 倍にして，点 A と f_2 の距離を $\frac{1}{2}$ 倍にした状況を示す。

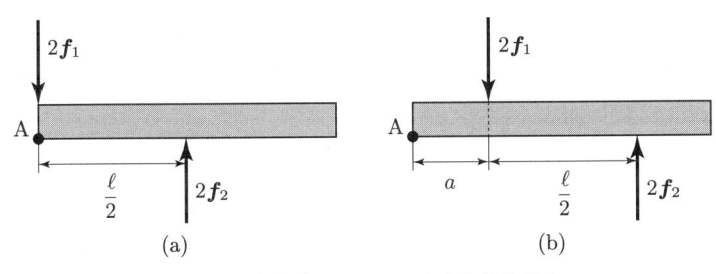

図 6.13 同じ力のモーメントを生じる偶力

二つの力の合力がゼロ，すなわち $2f_1 + 2f_2 = 0$ であることは変わらない。ここで，点 A を回転中心とする二つの力のモーメントの合計は，$-f_1 = f_2 = f$ としたことを思い出すと

$$0 \times 2f_1 + \frac{\ell}{2} \times 2f_2 = \ell f \tag{6.30}$$

となり，先ほどの図 6.12 のときと同じになる。では，図 6.13 (b) に示すように，二つの力の距離を保ったまま水平方向に平行移動すると，力のモーメントはどうなるだろうか。平行移動した距離を a とすると，点 A を回転中心とした二つの力のモーメントの合計は

$$a \times (-2f_1) + \left(a + \frac{\ell}{2}\right) \times 2f_2 = -2af + 2af + \ell f = \ell f \tag{6.31}$$

となり，偶力を平行移動させてもそれらによる力のモーメントは変わらないことがわかった。

以上から，偶力はその作用位置を気にする必要はなく，かつ，力の大きさと距離の積，すなわち結果として生じる力のモーメントだけを考えればよいことがいえる。したがって，図 **6.14** に示すように，ここで取り上げた二つの同じ大きさで向きが逆の力の組，すなわち偶力を，単に一つの力のモーメント N ($N = \ell f$) で表すことができる。このとき，図 6.14 には便宜的に力のモーメントを表す記号を剛体の中心付近に描いたが，力と異なり，作用位置という概念は不要となる。

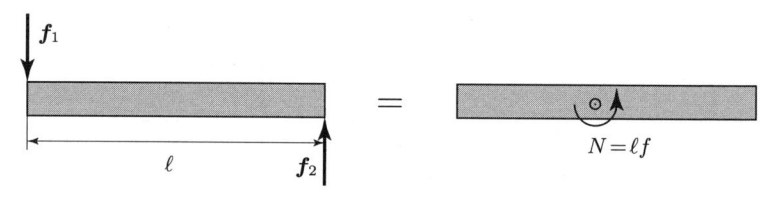

図 6.14 偶力と等価な力のモーメント

6.2　3 次元の剛体のつり合い

6.2.1　力のつり合い

力ベクトルを用いれば，2 次元のときとまったく同じように，力のつり合いは

$$\sum_{i=1}^{n} \boldsymbol{f}_i = \boldsymbol{0} \tag{6.32}$$

と表される。

6.2.2　モーメントとベクトル

2 次元の場合には，回転といえば考えている平面内での回転のみである。また，前節において，モーメントは位置ベクトルと力ベクトルの外積で表せることを学んだ。二つのベクトルの外積はそれらのベクトルが作る平面に対して直交するので，モーメントベクトルは，考えている平面に直交することになるが，これは回転の軸を意味している。右手系であれば，ベクトルの向きは右ねじが進むときの回転の向きに対応している。

6.2 3次元の剛体のつり合い

3次元問題の場合は,力ベクトルも,回転中心から力の作用点までの位置ベクトルも x-y 平面内に限定されないが,二つのベクトルが平行でない限り,二つのベクトルを含む平面が唯一に決まる[†1]。この平面上で考えれば,2次元のときとまったく同じようにモーメントベクトルが定義できて,それは位置ベクトルと力ベクトルにより決定される平面に垂直なベクトルとなる。回転中心から $\boldsymbol{\ell}$ の位置に作用する力ベクトル $\boldsymbol{f}$ がなすモーメント $\boldsymbol{N}$ は,外積を用いれば

$$\boldsymbol{N} = \boldsymbol{\ell} \times \boldsymbol{f} \tag{6.33}$$

と表される。力ベクトルと位置ベクトルが平行な場合は,平行なベクトルの外積がゼロになる[†2]ことから,力のモーメントはゼロになる。モーメント $\boldsymbol{N}$ を力ベクトル $\boldsymbol{f}$ および位置ベクトル $\boldsymbol{\ell}$ の成分で表すと,外積の定義から

$$\boldsymbol{N} = (\ell_y f_z - \ell_z f_y)\boldsymbol{e}_x + (\ell_z f_x - \ell_x f_z)\boldsymbol{e}_y + (\ell_x f_y - \ell_y f_x)\boldsymbol{e}_z \tag{6.34}$$

となる。上式から,モーメントベクトルのある方向の成分は,それと直交する平面における力ベクトルと位置ベクトルの成分から生成されていることがわかる。x-y 平面における2次元問題のとき,モーメントは z 軸方向の成分のみを持つことを示したが,3次元では,x-y 平面以外にも y-z 平面と z-x 平面において位置ベクトルと力ベクトルの外積を考えることができ[†3],それらはそれぞれ x 軸方向成分のみ,および y 軸方向成分のみを持つベクトルとなる。各平面で考えたモーメントベクトルは,平面に垂直な方向を軸にした回転を生じさせる力ということができるだろう。3次元の問題を考えようとすると,回転の軸はもはや一方向だけではなくなる。変位が3方向あったのと同様に,回転の軸も3方向それぞれに考えなければならない。3次元におけるモーメントは,x-y,y-z,z-x の各平面における2次元のモーメントベクトルを重ね合わせた(和をとった)ものと理解することもできる。

[†1] 平面の決定条件のうち2直線に関係するものは「1点で交わる2直線」か「平行な2直線」であるが,ここでは二つのベクトルで考えており,力ベクトルと位置ベクトルが平行であるとき,それらは一直線上に並ぶため,平面は唯一に決定できない。

[†2] 演習問題〔6.5〕でこのことを証明してみよう。

[†3] 位置ベクトルも力ベクトルも3次元のベクトルだが,ここではそれらを各平面に写像したベクトルを考えている。

2次元において考えた偶力も，3次元において同様に考えることができる。いま，大きさが等しくて向きが反対の1組の力 $f_1 = -f$ および $f_2 = f$ が剛体に作用していたとする。f_1 の作用位置を原点とし，f_2 の作用位置の位置ベクトルを ℓ とすると，原点を回転中心とした二つの力によるモーメントベクトルの合計 N は

$$N = 0 \times (-f) + \ell \times f = \ell \times f \tag{6.35}$$

となる。ここで，二つの力ベクトルをベクトル a だけ平行移動させたとする。このとき，原点を回転中心とした二つの力のモーメントベクトルの合計 N_a は

$$N_a = a \times (-f) + (\ell + a) \times f = \ell \times f \tag{6.36}$$

となり，力を平行移動させる前の力のモーメントベクトル N と同じになった。したがって，2次元のときと同様に，大きさが同じで向きが逆である1組の力を偶力と呼び，それら二つの力を，作用位置という概念を持たない力のモーメントベクトル N によって表すことができる。

3次元の剛体の状態を決定するためには，剛体の位置を表す変数に加えて，剛体の向きを表す変数が必要になる。剛体の向きは三つの軸まわりの回転によって表される。したがって，3次元の剛体の自由度は，3次元の質点の自由度3に，回転に関する自由度3が加わるので，全部で6となる。

6.2.3 モーメントのつり合い

これまでに，力のモーメントがベクトルであることを学んだ。剛体の回転は3方向について独立なので，つり合いもまた3方向独立に考えなければならない。したがって，力のモーメントのつり合いをベクトルで表せば

$$\sum_{i=1}^{n} N_i = 0 \tag{6.37}$$

となる。

6.3 安定と不安定

これまで,剛体が静止するための条件として,力のつり合いと力のモーメントのつり合いが満たされる必要があることを学んだ。しかしながら,われわれは,細長いものや,質量中心が上のほうにあるものは倒れやすいことを経験的に知っている。例えば,質量を無視できる長さ ℓ の棒の一端がヒンジで固定されており,他端に質量 m の質点が固定されている剛体を考えてみよう。この剛体が鉛直面内で運動し,重力加速度 g を受ける場合,質点がヒンジの真下で静止しているとき,剛体に作用する重力とヒンジにおける反力がつり合い,かつ,ヒンジを基準点とする力のモーメントもつり合う。このつり合いの条件は,質点がヒンジの真上にあるときにも満たされるが,質点がヒンジの真上で静止することは実際にはあり得ないことは経験的にわかっている。このことをもう少し正確に考えてみよう。

まず,質点がヒンジの真下にあるときであるが,このとき棒を少しだけ傾けるという思考実験をしてみよう。図 6.15 (a) に示すように,剛体を反時計回りに $\Delta\theta$ だけ傾けると,ヒンジを基準点とした重力のモーメントは $-mg\ell \sin \Delta\theta$ となり,負は時計回りを意味する。つまり,剛体を反時計回りにほんの少し傾けると,時計回りの力のモーメントが生じ,この力のモーメントが剛体をもとに戻そうとする。すなわち,重力が復元力となっている。このようなつり合いを**安定つり合い**(stable equilibrium)と呼ぶ。

つぎに,図 6.15 (b) に示すように,質点がヒンジの真上にあるときに,剛体を反時計回りに $\Delta\theta$ だけ傾けてみよう。このとき,ヒンジを基準点とした重力のモーメントは $mg\ell \sin \Delta\theta$ となり,向きは反時計回りである。したがって,ほんの少しでも剛体が傾くと,傾いたほうにさらに傾けようとする作用が働くため,現実的には静止することはできない。そのような状態を**不安定つり合い**(unstable equilibrium)と呼ぶ。

(a) 安定つり合い　　　(b) 不安定つり合い

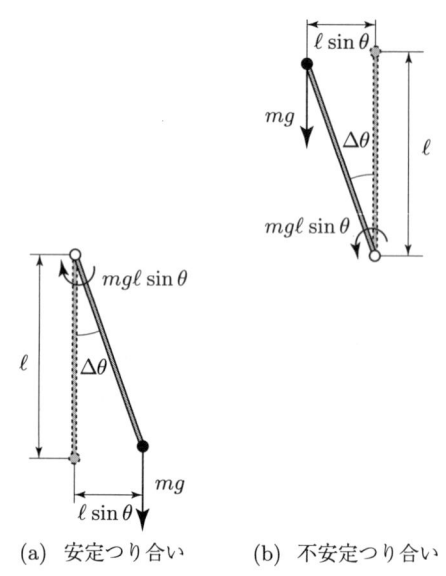

図 6.15　剛体の二つのつり合い状態

演習問題

〔**6.1**〕 図 **6.16** に示すように，質量 20 kg の子供がシーソーの支点の左側 3 m の点に乗っている。質量 60 kg の大人がシーソーに乗ってつり合いを保つために，大人が乗るべき位置を求めよ。

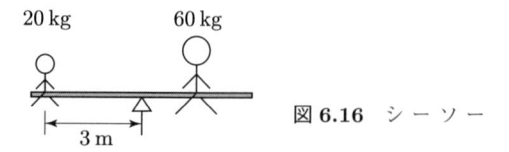

図 **6.16**　シーソー

〔**6.2**〕 L 字型のバール（釘抜き）を使って釘を抜くことを考える。図 **6.17** に示すように，支点から 1.0 m の点に 100 N の力を加えたとき，支点から 0.1 m の点に引っかけた釘が抜け始めた。このとき，釘に作用している力を求めよ。ただし，バールに加えた力およびバールが釘に及ぼす力は，ともにバールの軸に対して垂直であるとする。

演 習 問 題

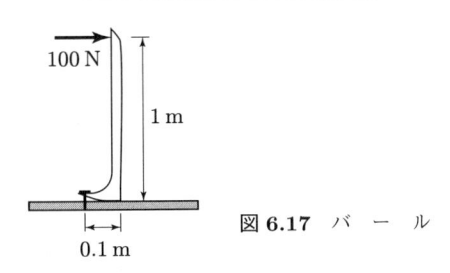

図 6.17 バール

〔6.3〕 図 6.18 に示すような直径 0.6 m の円形のハンドルが付いたバルブを操作したい。バルブを操作するには、ハンドルに 300 N·m の力のモーメントを作用させ、回転させる必要がある。ハンドルを左右の手で持ち、たがいに逆向きの力を加えるとき、それぞれの手で加えなければならない力の大きさを求めよ。また、このとき、ハンドルの軸に力が作用しないようにするためには、左右の力の大きさをどのようにしなくてはならないか。

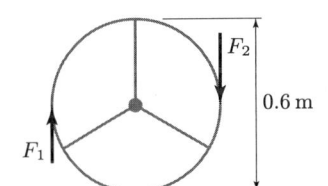

図 6.18 ハンドル

〔6.4〕 図 6.12 において、点 B を回転中心とした力のモーメントが、式 (6.29) で表される点 A を回転中心とした力のモーメントと等しくなることを確認せよ。

〔6.5〕 二つの平行なベクトルの外積がゼロベクトルとなることを確認せよ。

〔6.6〕 図 6.19 に示すように、長さ ℓ の質量が無視でき変形しない 2 本の棒が中心角 2θ で固定されており、両端に質量 m の質点が一つずつ固定されている剛体を考える。このような物体は「やじろべえ」として知られる。図 6.19 (a) に示すように、上に凸となるようにして中心をヒンジで固定した場合と、(b) に示すように、下に凸となるようにして中心をヒンジで固定した場合のそれぞれについて、つり合いが安定であるか不安定であるかを議論せよ。

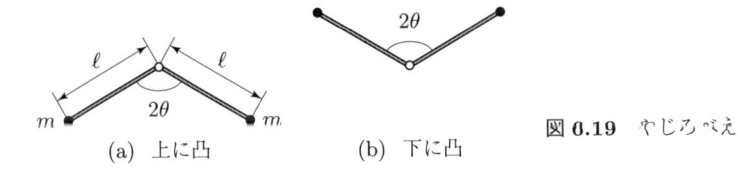

(a) 上に凸　　(b) 下に凸　　図 6.19 やじろべえ

7章 角運動量と角運動量保存則

◆**本章のテーマ**

前章では，大きさのある物体である剛体について学び，剛体には並進だけでなく回転の自由度があることを学んだ。そこで本章では，剛体の回転の運動を記述するための準備として，回転に関する運動量である角運動量について学ぶ。運動量の変化率から運動方程式が得られたように，角運動量の変化率から回転の運動方程式が得られる。質点の運動に関しては，本書では運動方程式，運動量の順番に説明した。しかしながら，剛体の運動量や角運動量が，剛体が占める領域のすべての点についての和（積分）で表現できることから，剛体の運動を記述するための準備として，角運動量から取り上げることにした。

◆**本章の構成（キーワード）**

7.1 角運動量と力積のモーメント
    角運動量，力積のモーメント
7.2 角運動量保存則と回転の運動方程式
    角運動量保存則，回転の運動方程式

◆**本章を学ぶと以下の内容をマスターできます**

☞ 角運動量の変化は力積のモーメントに等しい
☞ 中心力だけが作用する系の角運動量は変化しない

7.1 角運動量と力積のモーメント

7.1.1 角運動量

5章において,並進運動に対する運動の勢いを表す物理量として運動量を学んだ。一方で,6章において,大きさのある物体である剛体には並進だけでなく回転の自由度もあること,そして,回転しないためには距離と力の積である力のモーメントがつり合っている必要があることを学んだ。力のモーメントのつり合いが満たされない場合は,回転運動に変化が生じることになると予想される。それらを踏まえて,本章では回転に対する運動の勢いを表す物理量として,角運動量を定義してみよう。

運動量で表された運動方程式

$$\frac{d\boldsymbol{p}}{dt} = \boldsymbol{f} \tag{7.1}$$

を出発点としよう。回転運動を調べたいので,力のモーメントが位置ベクトルと力の積(外積)だったことを考慮して,位置ベクトル $\boldsymbol{x}$ と運動方程式の外積を考えると

$$\boldsymbol{x} \times \frac{d\boldsymbol{p}}{dt} = \boldsymbol{x} \times \boldsymbol{f} = \boldsymbol{N} \tag{7.2}$$

を得る。上式は,最右辺の力のモーメントが,左辺に表された運動の状態の変化を生み出すという関係であり,回転に関する運動方程式となっている。運動量を定義した5章と同様に,回転に関する運動方程式 (7.2) を時間で積分すると

$$\int \boldsymbol{x} \times \frac{d\boldsymbol{p}}{dt} dt = \int \boldsymbol{N} dt \tag{7.3}$$

を得る。上式左辺を部分積分†すると

---

† 部分積分の公式は $\int f \dfrac{dg}{dx} dx = fg - \int \dfrac{df}{dx} g \, dx$ である。この公式は,任意の関数を積分して微分すると元に戻る,すなわち $fg = \dfrac{d}{dx}\left(\int fg \, dx\right)$ と表せることと,合成関数の微分から

$$\frac{d}{dx}\left(\int fg \, dx\right) = \int \frac{df}{dx} g \, dx + \int f \frac{dg}{dx} dx$$

と覚えておくと,簡単に導ける。

$$\int \boldsymbol{x} \times \frac{\mathrm{d}\boldsymbol{p}}{\mathrm{d}t}\,\mathrm{d}t = \boldsymbol{x} \times \boldsymbol{p} - \int \frac{\mathrm{d}\boldsymbol{x}}{\mathrm{d}t} \times \boldsymbol{p}\,\mathrm{d}t = \boldsymbol{x} \times \boldsymbol{p} - \int \boldsymbol{v} \times m\boldsymbol{v}\,\mathrm{d}t$$
$$= \boldsymbol{x} \times \boldsymbol{p} = \boldsymbol{L} \tag{7.4}$$

となる。上式の誘導過程で，平行なベクトル同士の外積がゼロになることを用いた。この位置ベクトルと運動量の外積 $\boldsymbol{L} = \boldsymbol{x} \times \boldsymbol{p}$ を**角運動量**（angular momentum）と呼ぶ。角運動量は位置ベクトルと運動量ベクトルの外積なので，両ベクトルに直交するベクトル量である。位置ベクトルと力ベクトルの外積を力のモーメントと呼んだように，一般に，位置ベクトルとある量 a との積を「a のモーメント」と呼ぶことから，角運動量は運動量のモーメントと呼んでもよいだろう[†]。他のモーメントと同様に，どの点を位置ベクトルの基準にするかによって角運動量は変化することに注意しよう。運動が平面に限定される場合は，力のモーメントと同様に，角運動量も考えている平面に垂直な成分のみを持つ。

角運動量を基本的な次元である［質量］，［長さ］，［時間］で表現すると

$$(\text{角運動量}) = [\text{長さ}] \cdot (\text{運動量}) = [\text{長さ}] \cdot \frac{[\text{質量}] \cdot [\text{長さ}]}{[\text{時間}]}$$
$$= \frac{[\text{質量}] \cdot [\text{長さ}]^2}{[\text{時間}]}$$

である。また，角運動量の単位は $[\mathrm{kg} \cdot \mathrm{m}^2/\mathrm{s}]$ である。

7.1.2 力積のモーメント

運動方程式を時間積分することにより，運動量変化と力積が等しいことを学んだ。力積は，力を時間積分した量である。並進運動における力に対応する，回転の動力は力のモーメントであり，力のモーメントを時間積分した量が角運動量と関係を持っているという見通しが立つ。

前項で考察した回転に関する運動方程式 (7.2) を，時刻 t_1 から t_2 まで時間積分すると

$$\int_{t_1}^{t_2} \boldsymbol{x} \times \frac{\mathrm{d}\boldsymbol{p}}{\mathrm{d}t}\,\mathrm{d}t = \int_{t_1}^{t_2} \boldsymbol{N}\,\mathrm{d}t \tag{7.5}$$

[†] ただし，「運動量のモーメント」という言葉はあまり見かけない。

であり，左辺を部分積分した結果を代入すると

$$[\boldsymbol{x} \times \boldsymbol{p}]_{t_1}^{t_2} = \boldsymbol{L}(t_2) - \boldsymbol{L}(t_1) = \int_{t_1}^{t_2} \boldsymbol{N}\,dt \tag{7.6}$$

を得る。上式の右辺は力のモーメントの時間積分になっており，**力積のモーメント**（moment of impulse）と呼ばれる。式 (7.6) は力積のモーメントが角運動量ベクトルの変化分と等しいことを意味する。力積のモーメントも，他のモーメントと同様に，位置ベクトルの基準点に依存する。

力積のモーメントは角運動量変化と等しいので，次元も単位も角運動量と同じである。ただし，力積のモーメントは力のモーメントと時間の積なので，その単位を力の固有の単位〔N〕を用いて〔N・m・s〕と表すこともできる。

7.1.3 角運動量の例

〔1〕**等速円運動をする質点**　2.3.1 項〔2〕で考察した，原点を中心として反時計回りに等速円運動をする質量 m の質点を再び考える。運動は x-y 平面内で生じているものとすると，任意の時刻 t における質点の位置は

$$\boldsymbol{x}(t) = \left\{ \begin{array}{c} r\cos\theta(t) \\ r\sin\theta(t) \end{array} \right\} \tag{7.7}$$

と表せる。ここで，r は円運動の半径であり，θ は角変位である。

この質点の任意の時刻における速度ベクトル $\boldsymbol{v}$ は

$$\boldsymbol{v}(t) = \frac{d\boldsymbol{x}}{dt} = \frac{d\theta}{dt}\left\{ \begin{array}{c} -r\sin\theta(t) \\ r\cos\theta(t) \end{array} \right\} = \omega \left\{ \begin{array}{c} -r\sin\theta(t) \\ r\cos\theta(t) \end{array} \right\} \tag{7.8}$$

と表せる。ここで，ω は $\omega = \dfrac{d\theta}{dt}$ と定義される角速度である。よって，原点を基準とする質点の角運動量は

$$\boldsymbol{L}(t) = \boldsymbol{x}(t) \times m\boldsymbol{v}(t) = m\omega\left(r\cos^2\theta + r\sin^2\theta\right)\boldsymbol{e}_z = mr^2\omega\,\boldsymbol{e}_z \tag{7.9}$$

となり，時間によって変化しないことがわかる。平面内を運動する質点の角運動量は，平面に垂直な z 方向の成分のみを持つので，角運動量をスカラーで

7. 角運動量と角運動量保存則

$$L(t) = mr^2\omega \tag{7.10}$$

と表すこともできる。

力のモーメントが，その回転の軸の方向を持つベクトルで表されたのと同様に，回転の軸の向きを持つベクトルとして**角速度ベクトル**（angular velocity vector）を定義することができる。**図 7.1** に示すように，ここでは，回転の軸は x-y 平面に垂直，すなわち z 方向であるため，角速度ベクトルは $\boldsymbol{\omega} = \omega \boldsymbol{e}_z$ となり，これを用いて速度ベクトルを

$$\boldsymbol{v}(t) = \boldsymbol{\omega} \times \boldsymbol{x} = |\boldsymbol{\omega}||\boldsymbol{x}|\boldsymbol{n} \tag{7.11}$$

と表すこともできる。ここで，$\boldsymbol{n}$ は角速度ベクトル $\boldsymbol{\omega}$ と位置ベクトル $\boldsymbol{x}$ に垂直な単位ベクトルであり，$\boldsymbol{\omega}$ と $\boldsymbol{x}$ のなす角が直角であることを用いた。図 7.1 (a) は平面図であり，平面に対して垂直に，紙面裏から表に向かうベクトルを記号 $\odot$ で表した。図 7.1 (b) は鳥瞰図であり，図からわかるように，右ねじが進む向きを回転ベクトルの向きとしている。

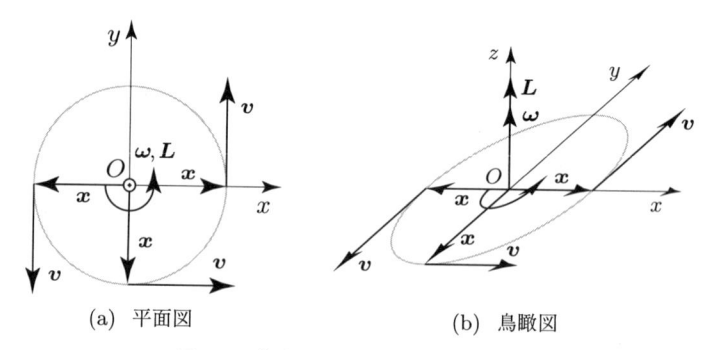

(a) 平面図　　　　　(b) 鳥瞰図

図 **7.1** 等速円運動する質点の角運動量

式 (7.11) を用いて，角運動量は

$$\begin{aligned}
\boldsymbol{L}(t) &= \boldsymbol{x}(t) \times m\boldsymbol{v}(t) = \boldsymbol{x} \times m(\boldsymbol{\omega} \times \boldsymbol{x}) = \boldsymbol{x} \times m(|\boldsymbol{\omega}||\boldsymbol{x}|\boldsymbol{n}) \\
&= m|\boldsymbol{\omega}||\boldsymbol{x}|\boldsymbol{x} \times \boldsymbol{n} = m|\boldsymbol{\omega}||\boldsymbol{x}||\boldsymbol{x}||\boldsymbol{n}|\boldsymbol{e}_z = m|\boldsymbol{x}|^2\omega\,\boldsymbol{e}_z \\
&= mr^2\omega\,\boldsymbol{e}_z
\end{aligned} \tag{7.12}$$

と展開することもできる．ここで，$|\bm{n}|=1$ であること，および $\bm{x}$ と $\bm{n}$ がともに x-y 平面上にあることを用い，ω は正であることを仮定した．当然のことながら，上式は成分で考えた式 (7.9) と一致する．

〔**2**〕 **等速直線運動をする質点** 図 **7.2** に示すように，等速直線運動をする質量 m の質点を考える．

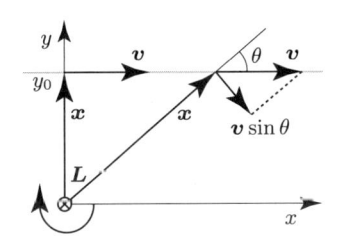

図 **7.2** 等速直線運動する質点の角運動量

任意の時刻 t における質点の位置を

$$\bm{x}(t) = \left\{ \begin{array}{c} v_0 t \\ y_0 \end{array} \right\} \tag{7.13}$$

としよう．ここで，v_0 は質点の速さであり定数，y_0 は定数とする．この質点の任意の時刻における速度ベクトル $\bm{v}(t)$ は

$$\bm{v}(t) = \frac{\mathrm{d}\bm{x}}{\mathrm{d}t} = \left\{ \begin{array}{c} v_0 \\ 0 \end{array} \right\} \tag{7.14}$$

と表せる．

以上から，等速運動をする質点の，原点を基準点とする角運動量は

$$\bm{L}(t) = \bm{x}(t) \times m\bm{v}(t) = m\left(v_0 t \times 0 - y_0 v_0\right)\bm{e}_z = -m y_0 v_0 \, \bm{e}_z \tag{7.15}$$

となり，スカラーでは

$$L(t) = -m y_0 v_0 \tag{7.16}$$

と表せ，一定となる．ここで，$\bm{x}$ と $\bm{v}$ のなす角を θ とすると，$\bm{v}$ の $\bm{x}$ と直角方向の成分は $\bm{v}\sin\theta$ なので，角運動量は

$$L(t) = (x \times mv) = m|x||v|\sin\theta\, e_z \tag{7.17}$$

と表せる。上式は「基準点から質点までの線分の長さと，その線分に垂直な方向の運動量の成分との積」と理解できるから，力のモーメントの「基準点から作用点までの線分の長さと，その線分に垂直な方向の力の成分との積」との類似点を見出せるだろう。したがって，質点が必ずしも回転運動をしておらず，直線運動していたとしても，角運動量はゼロになるとは限らない。質点が原点を含む直線上を運動しているときに限り，x と v のなす角 θ がゼロ，すなわち $\sin\theta = 0$ となり，角運動量はゼロになる。

7.2　角運動量保存則と回転の運動方程式

7.2.1　角運動量保存則

回転に関する運動方程式を時刻 t_1 から t_2 まで時間積分した関係式を再び示すと

$$L(t_2) - L(t_1) = \int_{t_1}^{t_2} N\, dt = \int_{t_1}^{t_2} x \times f\, dt \tag{7.18}$$

である。これより，力が働いておらず $f = 0$ であるか，力が働いていても力のモーメントがゼロ，すなわち x と f が平行であれば

$$L(t_2) - L(t_1) = 0 \quad \Rightarrow \quad L(t_2) = L(t_1) \tag{7.19}$$

となり，角運動量は変化しないことがわかる。このことを**角運動量保存則**（law of conservation of angular momentum）という。位置ベクトル x と力ベクトル f が平行ということは，力ベクトルが座標原点と質点を結ぶ直線に沿っているということである。この条件を満たし，さらに力ベクトルの大きさが原点と質点との距離にのみ依存するとき，すなわち力ベクトル f がなんらかのスカラー関数 g および位置ベクトルにより

$$f = g(|x|)\, x \tag{7.20}$$

7.2 角運動量保存則と回転の運動方程式

と表されるとき，その力を**中心力**（central force）と呼ぶ．万有引力やクーロン力は代表的な中心力である．先に述べたとおり，中心力のみが作用する場合は角運動量は保存される．

さて，この角運動量保存則について，運動量保存則のときと同様に，多質点系で考えてみよう．いま，外力はなく，二つの質点 A, B がたがいに力を及ぼし合って運動している．質点 A が質点 B に及ぼす力を $\boldsymbol{f}_{AB}$，質点 B が質点 A に及ぼす力を $\boldsymbol{f}_{BA}$ とし，質点 A, B の位置ベクトルをそれぞれ $\boldsymbol{x}_A$, $\boldsymbol{x}_B$ とする．それぞれの質点に対して，任意の時刻 t_1 および $t_2 > t_1$ における角運動量の変化と力積のモーメントの関係

$$\boldsymbol{L}_A(t_2) - \boldsymbol{L}_A(t_1) = \int_{t_1}^{t_2} \boldsymbol{x}_A(t) \times \boldsymbol{f}_{BA}(t)\,dt \tag{7.21}$$

$$\boldsymbol{L}_B(t_2) - \boldsymbol{L}_B(t_1) = \int_{t_1}^{t_2} \boldsymbol{x}_B(t) \times \boldsymbol{f}_{AB}(t)\,dt \tag{7.22}$$

が成り立つ．辺々を足して，角運動量の項と力積のモーメントの項に整理すると

$$\boldsymbol{L}_A(t_2) + \boldsymbol{L}_B(t_2) - (\boldsymbol{L}_A(t_1) + \boldsymbol{L}_B(t_1))$$
$$= \int_{t_1}^{t_2} \boldsymbol{x}_A(t) \times \boldsymbol{f}_{BA}(t) + \boldsymbol{x}_B(t) \times \boldsymbol{f}_{AB}(t)\,dt \tag{7.23}$$

を得る．ここで，作用・反作用の法則より，任意の時刻 t に対して

$$\boldsymbol{f}_{BA}(t) = -\boldsymbol{f}_{AB}(t) \tag{7.24}$$

が成り立つので，これを式 (7.23) の右辺に代入すると

$$\int_{t_1}^{t_2} \boldsymbol{x}_A(t) \times \boldsymbol{f}_{BA}(t) + \boldsymbol{x}_B(t) \times \boldsymbol{f}_{AB}(t)\,dt$$
$$= \int_{t_1}^{t_2} (\boldsymbol{x}_A(t) - \boldsymbol{x}_B(t)) \times \boldsymbol{f}_{BA}(t)\,dt \tag{7.25}$$

となる．上式の右辺の被積分関数にある $(\boldsymbol{x}_A(t) - \boldsymbol{x}_B(t))$ は，質点 B から A に向かう相対位置ベクトルであり，質点間でたがいに及ぼす力はこの相対位置ベクトルに平行である．平行なベクトルの外積はゼロになることから，式 (7.25) の被積分関数はゼロになり，最終的に式 (7.23) は

$$L_A(t_2) + L_B(t_2) = L_A(t_1) + L_B(t_1) \tag{7.26}$$

となる.上式は,任意の時間において,質点 A, B からなる多質点系の角運動量が変化しないことを意味する.

先に,1質点系において力が作用していないか,中心力のみが作用するときは角運動量は変化しないことを確認したが,この例では2質点系において外力が作用しないか中心力のみである場合,2質点系の角運動量の総和は保存されるという角運動量保存則が成り立つことを確認した.同様に,n 個の質点からなる多質点系において外力が作用していないか中心力のみである場合,質点 i の角運動量を L_i とすると,質点系の角運動量の総和が変化しない,すなわち角運動量保存則

$$\sum_{i=1}^{n} L_i(t_2) = \sum_{i=1}^{n} L_i(t_1) \tag{7.27}$$

が成り立つ.

角運動量保存則が成り立つ条件は外力に関する条件のみで,系の内部においてどのように複雑な力のやりとりが起ころうとも,あるいは衝突のように短時間に大きな力のやりとりが起ころうとも,さらにはそのような力のやりとりが未知であったとしても,系の角運動量は保存される.

7.2.2 角運動量保存則と回転の運動方程式の関係

前項で導いた角運動量保存則を表す式 (7.19) を再び示すと

$$L(t_2) - L(t_1) = 0 \tag{7.28}$$

である.角運動量の時間変化を考えるために,上式を $\Delta t = t_2 - t_1$ で割り,Δt を無限小に近づけていくと

$$\lim_{\Delta t \to 0} \frac{L(t_1 + \Delta t) - L(t_1)}{\Delta t} = 0 \tag{7.29}$$

を得る.上式の左辺は微分の定義そのものであるから,さらに

$$\frac{dL}{dt} = 0 \tag{7.30}$$

7.2 角運動量保存則と回転の運動方程式

を得る。上式は角運動量の時間変化がゼロであることを意味し，任意の時間において角運動量が変化しないことを意味する式 (7.19) と同様に，角運動量が保存されることを表現するもう一つの関係である。角運動量 $\boldsymbol{L}$ は $\boldsymbol{x} \times \boldsymbol{p}$ であるから，上式の左辺の角運動量の時間微分は

$$\begin{aligned}\frac{d\boldsymbol{L}}{dt} &= \frac{d\boldsymbol{x}}{dt} \times \boldsymbol{p} + \boldsymbol{x} \times \frac{d\boldsymbol{p}}{dt} = \boldsymbol{v} \times m\boldsymbol{v} + \boldsymbol{x} \times \frac{d\boldsymbol{p}}{dt} \\ &= \boldsymbol{x} \times \frac{d\boldsymbol{p}}{dt} \end{aligned} \tag{7.31}$$

となる。このことから，回転に関する運動方程式

$$\boldsymbol{x} \times \frac{d\boldsymbol{p}}{dt} = \boldsymbol{N} \tag{7.32}$$

は

$$\frac{d\boldsymbol{L}}{dt} = \boldsymbol{N} \tag{7.33}$$

と表すこともできる。

7.2.3 角運動量保存則の例

〔1〕**惑星の運動と面積速度** 惑星の運動に関するケプラーの3法則のうちの第2法則によれば，太陽を基準点とした惑星の面積速度は一定である。**面積速度**（areal velocity）とは，運動する点の位置ベクトルが単位時間に描く面積である。質点の位置を $\boldsymbol{x}$，速度を $\boldsymbol{v}$ とし，$\boldsymbol{x}$ と $\boldsymbol{v}$ のなす角を θ とすると，面積速度 S は

$$S = \frac{1}{2}|\boldsymbol{x}||\boldsymbol{v}|\sin\theta \tag{7.34}$$

となる。ところで，$\boldsymbol{x}$ と $\boldsymbol{v}$ の外積は，$\boldsymbol{x}$ と $\boldsymbol{v}$ に垂直で $\boldsymbol{x}$ から $\boldsymbol{v}$ に右ねじが進む向きの単位ベクトルを $\boldsymbol{n}$ とすると

$$\boldsymbol{x} \times \boldsymbol{v} = |\boldsymbol{x}||\boldsymbol{v}|\sin\theta\,\boldsymbol{n} \tag{7.35}$$

と表せる。よって，面積速度は $\boldsymbol{x}$ と $\boldsymbol{v}$ の外積の $\boldsymbol{n}$ 方向成分の $\frac{1}{2}$ なので

$$S = \frac{1}{2}(\boldsymbol{x} \times \boldsymbol{v}) \cdot \boldsymbol{n} \tag{7.36}$$

と表すこともできる．いま，原点を質量 M の太陽，質点を質量 m の惑星と考えると，両者に働く力 $\boldsymbol{f}$ は**万有引力**（universal gravitation）のみであり，惑星が太陽から受ける力は G を万有引力定数とすると

$$\boldsymbol{f} = -G\frac{Mm}{|\boldsymbol{x}|^2}\frac{\boldsymbol{x}}{|\boldsymbol{x}|} \tag{7.37}$$

である[†]．ここで

$$g(|\boldsymbol{x}|) = -G\frac{Mm}{|\boldsymbol{x}|^2}\frac{1}{|\boldsymbol{x}|} \tag{7.38}$$

とおけば，力 $\boldsymbol{f}$ は，式 (7.20) で表された中心力の定義に合致するので，万有引力が中心力であることがわかるだろう．したがって，惑星の角運動量 $\boldsymbol{L}$ は保存される．すなわち

$$\boldsymbol{L} = m\boldsymbol{x} \times \boldsymbol{v} = 一定 \tag{7.39}$$

である．面積速度は，角運動量を用いて

$$S = \frac{1}{2m}\boldsymbol{L} \cdot \boldsymbol{n} = 一定 \tag{7.40}$$

と表すことができ，ケプラーの第 2 法則が角運動量保存則によって導かれることがわかった．

さらに，ケプラーの第 1 法則によれば，惑星は太陽を一つの焦点とする楕円軌道上を運動する．図 **7.3** に示すように，惑星が太陽から最も近いとき（近日点）の太陽からの距離を a，速さを v_a とし，惑星が太陽から最も遠いとき（遠日点）の太陽からの距離を b，速さを v_b とする．それぞれの場合で惑星の位置ベクトルと速度ベクトルは直交することから，面積速度 S は

[†] 万有引力の大きさは，太陽から惑星までの距離を r とすると $G\dfrac{Mm}{r^2}$ である．太陽から惑星に向かう向きの単位ベクトル $\dfrac{\boldsymbol{x}}{|\boldsymbol{x}|}$ に負の符号を付けて，惑星から太陽へ向かう向きの単位ベクトルとし，先の大きさをかけたものが，惑星が太陽から受ける力ベクトルとなる．

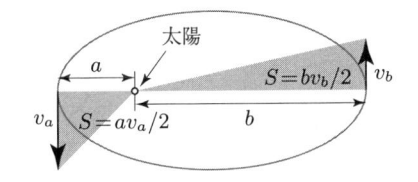

7.2 角運動量保存則と回転の運動方程式

図 7.3 太陽のまわりを回る惑星の楕円軌道と面積速度

$$S = \frac{1}{2}bv_b = \frac{1}{2}av_a \tag{7.41}$$

となる。ここで，$a < b$ であるから $v_a > v_b$ となり，角運動量保存則から，惑星が太陽に近づくほど惑星の速さが大きくなることがわかる[†]。

〔2〕 平面上を回転する質点　　図 7.4 (a) に示すような，滑らかな平面上を，回転中心からひもで拘束された質量 m の質点が回転する場合を考えよう。ひもは，回転中心でその長さを自由に変化させることができ，たるまないこととする。初め，ひもの長さは r_0 で，質点の速さは v_0 であった。このときの回転速度は $\omega_0 = \dfrac{v_0}{r_0}$ である。質点とともに移動する観測者から見た場合，質点は静止しており，遠心力と張力がつり合っている。したがって，張力 T_0 は

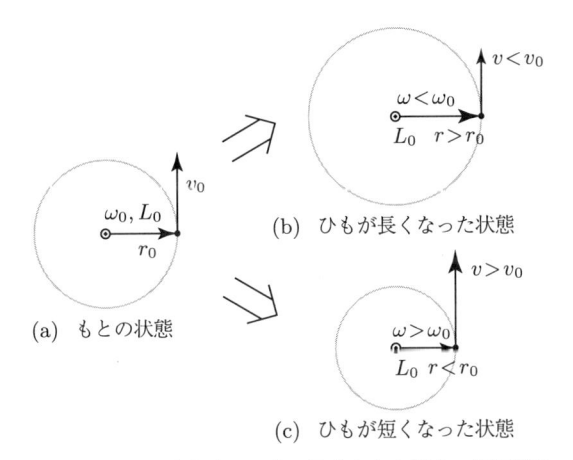

(a) もとの状態

(b) ひもが長くなった状態

(c) ひもが短くなった状態

図 7.4 長さが変化するひもで拘束された質点の回転運動

[†] ここでは，ケプラーの 3 法則のうち第 1，第 2 法則を紹介し，第 2 法則のみを証明した。ケプラーの第 3 法則は，惑星の公転周期の 2 乗が楕円の長軸の 3 乗に比例するという法則である。ケプラーの第 1，第 3 法則も第 2 法則と同様に，これまでに学んだエネルギー保存則と角運動量保存則により証明できる。興味のある読者は，参考文献 1), 2) などを当たられたい。

$$T_0 = m\omega_0^2 r_0 = m\frac{v_0^2}{r_0} \tag{7.42}$$

である。

ひもの長さを徐々に変化させ，r_1 となったとき，ひもの長さを固定したとする。このとき質点の速さ v_1，角速度 ω_1，ひもの張力 T_1 がどのようになっているかを考えてみよう。質点に働く力は張力だけであり，張力の方向は質点の位置の方向と平行であるため，角運動量は保存される。したがって，ひもの長さが r_0 のときと r_1 のときの角運動量が等しいことから

$$mr_1 v_1 = mr_0 v_0 \quad\Rightarrow\quad v_1 = \frac{r_0}{r_1} v_0 \tag{7.43}$$

を得る[†]。ひもの長さ比を $\dfrac{r_1}{r_0}$ とすると，速さ v_1 はもとの速さ v_0 の長さ比の逆数倍となっている。このときの角速度は

$$\omega_1 = \frac{v_1}{r_1} = \frac{\frac{r_0 v_0}{r_1}}{r_1} = \frac{r_0 v_0}{r_1^2} = \frac{v_0}{r_0}\left(\frac{r_0}{r_1}\right)^2 = \omega_0 \left(\frac{r_0}{r_1}\right)^2 \tag{7.44}$$

となり，もとの角速度 ω_0 の長さ比の逆数の 2 乗倍になっている。また，張力 T_1 は

$$\begin{aligned}
T_1 &= m\frac{v^2}{r_1} = m\frac{\left(\dfrac{r_0 v_0}{r_1}\right)^2}{r_1} = m\frac{r_0^2 v_0^2}{r_1^3} \\
&= m\frac{v_0^2}{r_0}\left(\frac{r_0}{r_1}\right)^3 = T_0 \left(\frac{r_0}{r_1}\right)^3
\end{aligned} \tag{7.45}$$

となり，もとの張力 T_0 の長さ比の逆数の 3 乗倍になっている。以上から，図 7.4 (b) に示すように，ひもの長さが長くなると角速度や張力は小さくなり，例えば長さが 2 倍になると速さは $\dfrac{1}{2}$ 倍に，角速度は $\dfrac{1}{4}$ 倍に，張力は $\dfrac{1}{8}$ 倍になる。逆に図 7.4 (c) に示すように，ひもの長さが短くなると，角速度および張力は大きくなり，例えば長さが $\dfrac{1}{2}$ 倍になると，速さは 2 倍に，角速度は 4 倍に，張力は 8 倍になる。

[†] 当然のことながら，角運動量保存則から導かれる面積速度が一定であることを用いても同じ結果が得られる。

ひもの長さが変わっても角運動量は変化しないが，速さが変化することから，質点の運動エネルギーは変化する。もとの運動エネルギーは $\frac{1}{2}mv_0^2$ であり，ひもの長さが r_1 になったときの運動エネルギーは

$$\frac{1}{2}mv^2 = \frac{1}{2}mv_0^2\left(\frac{r_0}{r_1}\right)^2 \tag{7.46}$$

である。力学的エネルギーは保存されるはずなので，ひもの張力が質点になした仕事が運動エネルギーの変化分となっているはずである。実際に張力が質点になした仕事は，張力が r の負の向きであることに注意すると

$$\begin{aligned}
\int_{r_0}^{r_1} -T_0\left(\frac{r_0}{r}\right)^3 \mathrm{d}r &= \left[\frac{1}{2}T_0\frac{r_0^3}{r^2}\right]_{r_0}^{r_1} = \frac{1}{2}T_0\left(\frac{r_0^3}{r_1^2} - \frac{r_0^3}{r_0^2}\right) \\
&= \frac{1}{2}m\frac{v_0^2}{r_0}\left(\frac{r_0^3}{r_1^2} - \frac{r_0^3}{r_0^2}\right) \\
&= \frac{1}{2}mv_0^2\left(\frac{r_0}{r_1}\right)^2 - \frac{1}{2}mv_0^2
\end{aligned} \tag{7.47}$$

となり，運動エネルギーの変化分と等しいことが確認できた。

演 習 問 題

〔**7.1**〕 原点を含む直線上を等速直線運動する質点の，原点を基準とする角運動量がゼロになることを確認せよ。

〔**7.2**〕 質量の無視できるブランコに，質量 m の人間が乗っている。ブランコのチェーンの長さは ℓ とし，ブランコの支点に対する角速度が ω であるとき，この系の角運動量を求めよ。

〔**7.3**〕 〔7.2〕において，人間がブランコの上で立ったりしゃがんだりすることを，ブランコのチェーンの長さ ℓ が変化することで表せるとする。重力加速度を g，チェーンの鉛直方向からの角度を θ とし，チェーンの長さ ℓ を変数として考えて，ブランコの回転に関する運動方程式を求めよ。このとき，ブランコを加速させるためには，どのようにこいだらよいか，すなわち，どのように ℓ を変化させたらよいか考えよ。

〔**7.4**〕 中心力を受ける質点は，角運動量保存の法則に従って，原点に近づくほどその速さを増すことを学んだ。では，図 7.5 (a) に示すようなひもにより丸棒に固定された質点が平面上を回転運動し，ひもが回転に伴い徐々に棒に巻き付き，質点が棒に近づいていく場合も，同じように

$$r_0 > r_1 > r_2 > \cdots \quad \Rightarrow \quad v_0 < v_1 < v_2 < \cdots \tag{7.48}$$

と速さを増すのだろうか。もしそうだとすると，7.2.3 項〔2〕の例と異なり，ひもは仕事をしないのに質点の運動エネルギーだけが増えることになり，エネルギー保存則に反する。このことを図 7.5 (b) に示すように，丸棒を 1 辺 w の正方形断面の角棒に置き換えて，ひもの長さが r_0, r_1 のときの速さ v_0, v_1 の関係を求めることによって考察せよ。

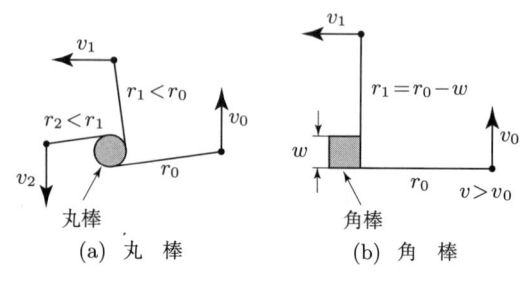

図 7.5 棒に巻き付くひもで拘束された質点の回転運動

8章 剛体の運動

◆本章のテーマ

　6章では，大きさを持った物体である剛体のつり合いについて学んだが，本章では，その剛体の運動について学ぶ。質点の運動に関しては，1次元の問題を考えてから，それを2次元および3次元に拡張して考えることが多かった。これは，1次元の問題はスカラーで表現され，2次元および3次元の問題はベクトルで表現されることから，1次元の問題が理解しやすく，かつ2次元と3次元の問題に本質的な違いや難易度の違いがないためである。一方で，剛体の運動に関しては，大きさがあることによって，質点にはなかった回転の自由度が追加される。この回転運動に関しては，1次元の問題というのは考えられず，必然的に2次元か3次元の問題になる。ここで，2次元の問題とは剛体が平面内で回転するということだが，言い換えると，回転の軸が固定されているということである。したがって，剛体の平面内の回転は，質点でいうところの1次元の問題と捉えることもできる。実際，剛体の回転に関しては，2次元と3次元の問題では難易度が大きく異なる。そこで，順を追って学んでいくこととしよう。

◆本章の構成（キーワード）

8.1　剛体の並進運動
　　　　力，質量中心，質量のモーメント
8.2　剛体の平面内の回転運動
　　　　角速度，角運動量，力のモーメント，慣性モーメント，運動エネルギー
8.3　剛体の回転運動
　　　　角速度，角運動量，力のモーメント，慣性モーメントテンソル，運動エネルギー

◆本章を学ぶと以下の内容をマスターできます

☞　剛体の回転運動
☞　慣性モーメントと慣性モーメントテンソル
☞　こまの軸が回転すること

8.1 剛体の並進運動

剛体の並進運動は，質点と同様に変位や速度や加速度により表すことができる。しかしながら，質点と異なり，剛体には大きさがあるので，どの点の変位や速度や加速度を表すかが問題となる。

剛体は大きさのある物体であるが，質点の集合体だと考えれば，それを支配する物理法則に，これまで学んだ以外の特別な法則は必要ない。剛体といえば，**図 8.1** (b) に示すような，質量の分布する剛体を思い浮かべるだろう。一方で，図 8.1 (a) に示すように，質量の無視できる棒（図中の破線）で結ばれるなど，なんらかの拘束によって複数の質点（図中の●）が相対的な位置を変えない特別な多質点系も剛体である。

(a) 多質点系の剛体 　　(b) 質量の分布する剛体

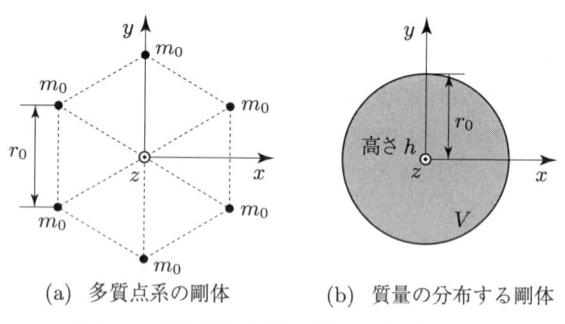

図 8.1 多質点系の剛体と質量の分布する剛体

そのような n 個の質点からなる剛体の運動量 $\boldsymbol{p}$ は，各質点の運動量 $\boldsymbol{p}_i$ の総和であり

$$\boldsymbol{p} = \sum_{i=1}^{n} \boldsymbol{p}_i = \sum_{i=1}^{n} m_i \boldsymbol{v}_i = \sum_{i=1}^{n} m_i \frac{\mathrm{d}\boldsymbol{x}_i}{\mathrm{d}t} \tag{8.1}$$

となる。質点の運動量は質点の質量と速度の積で表されるので，剛体の運動量も剛体の全質量と速度の積という形で表すことを考える。まず，剛体の全質量 m は，各質点の質量の総和として

8.1 剛体の並進運動

$$m = \sum_{i=1}^{n} m_i \tag{8.2}$$

と表される．剛体の運動量 (8.1) をこの m を用いて表すと

$$\boldsymbol{p} = m \left(\frac{1}{m} \sum_{i=1}^{n} m_i \frac{\mathrm{d}\boldsymbol{x}_i}{\mathrm{d}t} \right) \tag{8.3}$$

となり，右辺のかっこの中が剛体の速度となる．ここで

$$\boldsymbol{x}_{\mathrm{g}} = \frac{1}{m} \sum_{i=1}^{n} m_i \boldsymbol{x}_i \tag{8.4}$$

により $\boldsymbol{x}_\mathrm{g}$ を定義すると，式 (8.3) は

$$\boldsymbol{p} = m \frac{\mathrm{d}\boldsymbol{x}_\mathrm{g}}{\mathrm{d}t} \tag{8.5}$$

と表せる．式 (8.4) で定義した $\boldsymbol{x}_\mathrm{g}$ は剛体の質量中心の位置である．ここで考えている剛体は，多質点系の特別な場合であるから，その運動量 (8.5) は 5.2.1 項で導いた多質点系の運動量 (5.56) と一致し，全質量が質量中心に集中した質点の運動量と同じになる．

式 (8.5) のように，剛体の運動量が剛体の質量と質量中心の速度で表されたので，それを用いて運動方程式は

$$\sum_{i=1}^{n} \boldsymbol{f}_i = \frac{\mathrm{d}}{\mathrm{d}t} \left(\sum_{i=1}^{n} \boldsymbol{p}_i \right) \quad \Rightarrow \quad \boldsymbol{f} = m \frac{\mathrm{d}^2 \boldsymbol{x}_\mathrm{g}}{\mathrm{d}t^2} \tag{8.6}$$

と表すことができる．ここで，$\boldsymbol{f}_i$ は質点 i に作用している外力，$\boldsymbol{f}$ は

$$\boldsymbol{f} = \sum_{i=1}^{n} \boldsymbol{f}_i \tag{8.7}$$

で定義される剛体に作用する外力の総和である．ここの質点には，質点間の相対的な位置を変化させないという拘束を実現するために，なんらかの内力が作用しているはずだが，内力は系の運動量を変化させないので，運動量を用いて運動方程式 (8.6) を記述する際には内力を考えなくてよい．これは，運動量を用いることの利点の一つである．また，運動量がそうであったのと同様に，2.3.2 項

で導いた多質点系の運動方程式 (2.62) と，本節で導いた運動方程式 (8.6) は一致し，全質量が質量中心に集中した質点の運動方程式と同じになる。

2.3.2 項と同様に，質点の位置を，質量中心の位置と質量中心からの相対的な位置 $\bm{x}'_i$ の和として

$$\bm{x}_i = \bm{x}_{\mathrm{g}} + \bm{x}'_i \tag{8.8}$$

と表し，これを式 (8.4) に代入することにより

$$\bm{x}_{\mathrm{g}} = \frac{1}{m}\sum_{i=1}^{n} m_i\left(\bm{x}_{\mathrm{g}} + \bm{x}'_i\right) = \bm{x}_{\mathrm{g}} + \frac{1}{m}\sum_{i=1}^{n} m_i \bm{x}'_i$$

$$\Rightarrow \quad \sum_{i=1}^{n} m_i \bm{x}'_i = \bm{s} = \bm{0} \tag{8.9}$$

を得る。ここで，$\bm{s}$ は 2.3.2 項で位置の重み付き平均として紹介した量である。距離（位置ベクトル）と力ベクトルの外積を力のモーメントと呼んだように，一般に，距離（位置ベクトル）とある量 a との積を a のモーメントと呼ぶことから，質量と距離（位置ベクトル）の積である $\bm{s}$ を**質量のモーメント**（moment of mass）とも呼ぶ。質量のモーメントは，その定義式 (8.9) からベクトルであり，質量中心まわりの質量のモーメントはゼロになることがわかる。

つぎに，図 8.1 (b) に示すように，質量が連続的に分布している，より一般的な剛体の運動方程式について考えてみよう。剛体が占める領域を V とし，V の中の非常に小さな領域（微小体積要素）$\mathrm{d}V$ を質点とみなし，その質量を，密度 ρ を用いて $\mathrm{d}m = \rho\,\mathrm{d}V$ とする。この体積要素の速度を $\bm{v}$，位置を $\bm{x}$ とすると，質点の運動量 $\mathrm{d}\bm{p}$ は

$$\mathrm{d}\bm{p} = \rho\,\mathrm{d}V\bm{v} = \rho\,\frac{\mathrm{d}\bm{x}}{\mathrm{d}t}\,\mathrm{d}V \tag{8.10}$$

となる。前述の質点で構成される剛体では，各質点の運動量を足し合わせたが，ここでは小さな体積要素 $\mathrm{d}V$ の大きさは無限小で，数が無限大となっているので，足し算が積分となる。そこで，運動量 (8.10) を剛体の領域で積分すると，剛体の運動量 $\bm{p}$ は

8.1 剛体の並進運動

$$\bm{p} = \int_V \rho \frac{\mathrm{d}\bm{x}}{\mathrm{d}t} \mathrm{d}V \tag{8.11}$$

となる。剛体の運動量を質量と速度の積に変形すると

$$\bm{p} = m \left(\frac{1}{m} \int_V \rho \frac{\mathrm{d}\bm{x}}{\mathrm{d}t} \mathrm{d}V \right) = m \frac{\mathrm{d}\bm{x}_\mathrm{g}}{\mathrm{d}t} \tag{8.12}$$

と表せる。ここで m は

$$m = \int_V \rho \, \mathrm{d}V \tag{8.13}$$

で定義される剛体の全質量、$\bm{x}_\mathrm{g}$ は

$$\bm{x}_\mathrm{g} = \frac{1}{m} \int_V \rho \, \bm{x} \, \mathrm{d}V \tag{8.14}$$

で定義される剛体の質量中心の位置である。

微小体積要素に作用する外力を $\mathrm{d}\bm{f}$、剛体に作用する外力の総量を

$$\bm{f} = \int_V \mathrm{d}\bm{f} \tag{8.15}$$

とすると、運動量 (8.11) を用いた剛体の運動方程式は

$$\bm{f} = \frac{\mathrm{d}\bm{p}}{\mathrm{d}t} = \frac{\mathrm{d}}{\mathrm{d}t} \left(m \frac{\mathrm{d}\bm{x}_\mathrm{g}}{\mathrm{d}t} \right) = m \frac{\mathrm{d}^2 \bm{x}_\mathrm{g}}{\mathrm{d}t^2} \tag{8.16}$$

となる。質量が分布した剛体に関しても、質点から構成される剛体のときと同様に、運動方程式は全質量が質量中心に集中した質点の運動方程式と同じになる。

前述の質点からなる剛体のときと同様に、微小体積要素の位置を、質量中心の位置と質量中心からの相対的な位置 $\bm{x}'$ の和として

$$\bm{x} = \bm{x}_\mathrm{g} + \bm{x}' \tag{8.17}$$

と表し、これを式 (8.14) に代入することにより

$$\begin{aligned}\bm{x}_\mathrm{g} &= \frac{1}{m} \int_V \rho \left(\bm{x}_\mathrm{g} + \bm{x}' \right) \mathrm{d}V = \bm{x}_\mathrm{g} + \frac{1}{m} \int_V \rho \bm{x}' \, \mathrm{d}V \\ &\Rightarrow \int_V \rho \bm{x}' \, \mathrm{d}V = \bm{s} = \bm{0}\end{aligned} \tag{8.18}$$

を得る。先ほどと同様に、質量中心まわりの質量のモーメントはゼロとなった。

8.2 剛体の平面内の回転運動

まずは，平面内で回転する剛体を考えよう。「平面内で回転する」ということは，剛体そのものは3次元のものであっても構わないが，回転はある平面内で生じるということ，すなわち，平面に直交する回転の軸が変化しない（傾かない）ことを意味し，2次元の問題として記述することができる。座標はどのようにとってもよいため，本節では，回転はx-y平面内で生じる，すなわち回転軸はz軸まわりに固定されているとする。すでに6章で述べたように，2次元問題においては，剛体は2方向の位置を表す変数と一つの向きを表す変数の合計3自由度を持つ。剛体の向きは，位置を表す変位のように，基準時刻$t=0$からの回転を角変位θで表すことができる[†]。ただし，本章の対象である運動を考える場合，変位を変数とするよりも速度を変数と考えたほうが都合が良いことも多い。したがって，これ以降，本章では剛体の状態を表す変数として（並進）速度と角速度を用いることにする。なお，2次元の問題においては，角速度はスカラーとして扱うこともできるが，面外（z方向）成分のみを持つベクトルと考えることもできる。スカラーの角速度ωと角速度ベクトル$\boldsymbol{\omega}$は

$$\boldsymbol{\omega} = \omega \boldsymbol{e}_z \tag{8.19}$$

なる関係を持つ。

8.2.1 剛体の角運動量

7章では，多質点系の全角運動量は，各質点の角運動量の和として

$$\boldsymbol{L} = \sum_{i=1}^{n} \boldsymbol{L}_i = \sum_{i=1}^{n} \boldsymbol{x}_i \times \boldsymbol{p}_i \tag{8.20}$$

と表せることを学んだ。多質点からなる剛体においては，その角運動量は式

[†] 質点の運動は，位置ベクトルや，位置ベクトルから基準時刻における位置ベクトルを引いた変位ベクトルで表せたので，これは当然のことと思うかもしれない。しかしながら，3次元における回転を変位と同じようにベクトルで表すことはできず，回転を表す量を定義するには一工夫が必要である。

(8.20) の質点系の角運動量とまったく同じである．このことから，質量が分布する通常の剛体の角運動量は，剛体中の微小体積要素 dV の角運動量

$$d\boldsymbol{L} = \boldsymbol{x} \times d\boldsymbol{p} = \boldsymbol{x} \times \boldsymbol{v}\,dm = \boldsymbol{x} \times \boldsymbol{v}\,\rho\,dV \tag{8.21}$$

を合計（積分）したものとして

$$\boldsymbol{L} = \int_V \boldsymbol{x} \times \boldsymbol{v}\,\rho\,dV \tag{8.22}$$

と表される．

8.2.2 力が作用していない剛体の回転運動

最初は簡単のために，剛体に力は働いておらず，それゆえ力のモーメントも働いていない場合に限定しよう．8.1 節では，剛体の運動量は剛体の全質量と質量中心の速度の積で表されることがわかった．外力が作用していない場合，運動量は保存されるので，質量中心は等速直線運動をするということになる．したがって，剛体が回転運動をする場合は，質量中心が回転中心になる．もしそうでなければ，質量中心はある点を基準に回転することになり，質量中心が等速直線運動するという運動量保存則に矛盾する．

剛体中の任意の点の位置ベクトル $\boldsymbol{x}$ は，剛体が回転をしている回転中心である質量中心を基準（原点）とする[†]．剛体が回転運動のみをしている場合は，剛体中のある点の速度ベクトル $\boldsymbol{v}$ は，前章の図 7.1 や式 (7.11) で見たように，回転速度ベクトル $\boldsymbol{\omega}$ と位置ベクトル $\boldsymbol{x}$ により

$$\boldsymbol{v} = \boldsymbol{\omega} \times \boldsymbol{x} \tag{8.23}$$

と表せる．回転速度ベクトル $\boldsymbol{\omega}$ が $\boldsymbol{e}_z$ 方向成分のみを持つことから，それぞれの成分

[†] ある慣性系に対して，等速直線運動する座標系もまた慣性系である．したがって，質量中心が静止しておらず等速直線運動していても，質量中心を原点とする座標系は慣性系となる．

$$\boldsymbol{\omega} = \left\{\begin{array}{c} 0 \\ 0 \\ \omega \end{array}\right\}, \quad \boldsymbol{x} = \left\{\begin{array}{c} x \\ y \\ z \end{array}\right\} \tag{8.24}$$

を用いると，速度ベクトル $\boldsymbol{v}$ は

$$\boldsymbol{v} = \omega \left\{\begin{array}{c} -y \\ x \\ 0 \end{array}\right\} \tag{8.25}$$

と表せる。これらの位置ベクトルと速度ベクトルの成分を考慮すると，剛体の角運動量を表す式 (8.22) の被積分関数は

$$\begin{aligned}\boldsymbol{x} \times \boldsymbol{v} &= \left\{\begin{array}{c} x \\ y \\ 0 \end{array}\right\} \times \omega \left\{\begin{array}{c} -y \\ x \\ 0 \end{array}\right\} = \omega \left\{\begin{array}{c} 0 \\ 0 \\ x^2 + y^2 \end{array}\right\} \\ &= \omega \left(x^2 + y^2\right) \boldsymbol{e}_z \end{aligned} \tag{8.26}$$

となり，これを式 (8.20) および式 (8.22) に代入すると，それぞれ

$$\begin{aligned}\boldsymbol{L} &= \sum_{i=1}^{n} m_i \boldsymbol{x}_i \times \boldsymbol{v}_i = \omega \sum_{i=1}^{n} m_i \left(x_i^2 + y_i^2\right) \boldsymbol{e}_z \\ &= I\omega \, \boldsymbol{e}_z \end{aligned} \tag{8.27}$$

および

$$\begin{aligned}\boldsymbol{L} &= \int_V \rho \, \boldsymbol{x} \times \boldsymbol{v} \, \mathrm{d}V = \omega \int_V \rho \left(x^2 + y^2\right) \mathrm{d}V \, \boldsymbol{e}_z \\ &= I\omega \, \boldsymbol{e}_z \end{aligned} \tag{8.28}$$

を得る。角運動量は $\boldsymbol{e}_z$ 方向の成分しか持たないので，スカラーで表せば

$$L = I\omega \tag{8.29}$$

となる。ここで I は**慣性モーメント** (moment of inertia) であり，質点からなる剛体の場合

8.2　剛体の平面内の回転運動

$$I = \sum_{i=1}^{n} m_i \left(x_i^2 + y_i^2\right) \tag{8.30}$$

と定義され，質量が分布する剛体の場合

$$I = \int_V \rho \left(x^2 + y^2\right) dV \tag{8.31}$$

と定義される．慣性モーメント I は x と y の関数であり，一般的には x, y は回転運動とともに変化するが，ここでの位置 $\boldsymbol{x}$ は回転中心を原点としていることから，回転中心からの距離の 2 乗である $|\boldsymbol{x}|^2 = x^2 + y^2$ は一定である．したがって，この場合，慣性モーメントも時間によらず一定となることに注意しよう．

慣性モーメントを基本的な次元である［質量］，［長さ］，［時間］で表現すると

$$（慣性モーメント） = ［質量］\cdot ［長さ］^2$$

である．また，慣性モーメントの単位は $[\mathrm{kg \cdot m^2}]$ である．

角運動量が導けたので，これを用いて回転の運動方程式を導こう．ここでは外力が作用していないので，力のモーメントもゼロである．よって，角運動量は保存されることから

$$\frac{dL}{dt} = I \frac{d\omega}{dt} = 0 \quad \Rightarrow \quad \omega = 定数 \tag{8.32}$$

を得る．つまり，外力が作用していない剛体は，質量中心が等速直線運動をし，質量中心まわりに一定の角速度で回転する．

8.2.3　偶力のみ働く剛体の回転運動

ここでは，前項の限定条件を少しだけ緩めて，偶力 N のみが剛体に作用する，すなわち，剛体に力は働くが，それらはつり合っている場合を考えよう．力は作用していないので，運動量保存則から剛体の質量中心が等速直線運動をすることになるのは，前項と同様である．したがって，この場合の回転中心も質量中心となり，角運動量も

$$L = I\omega \tag{8.33}$$

となる．これより，回転の運動方程式 (7.33) は

$$N = \frac{dL}{dt} = I\frac{d\omega}{dt} \tag{8.34}$$

となる．$\frac{d\omega}{dt}$ は角速度の時間微分であり，**角加速度**（angular acceleration）と呼ばれる．

　回転の運動方程式 (8.34) は，並進に関する運動方程式 $f = ma$ と比較すると，力のモーメントが回転運動を引き起こす作用をもたらし，それが回転に関する加速度（角加速度）と回転に関する質量（慣性モーメント）の積と等しいということを示している．慣性モーメント I は，密度に回転軸からの距離の2乗をかけたものの積分であり，質量の2次モーメントといえる．慣性モーメントは，並進運動における質量に相当する量であり，慣性モーメントが大きい剛体ほど回転させづらいという性質を持っている．また，慣性モーメントは密度に距離の2乗をかけたものの積分であるから，同じ質量の剛体であっても，質量中心からの距離が遠いところに多くの質量があればあるほど，慣性モーメントは大きくなる．

8.2.4　剛体の回転運動

　本節のここまでは，剛体に並進運動（加速度）を生じさせる力が働いていない場合に限定して，剛体の回転運動を考えてきた．本項では，剛体に力と力のモーメントの両方が作用している場合の剛体の回転運動について考えてみよう．なお，8.1 節で剛体の並進運動を学んだが，その際に剛体は回転しないといった仮定は設けていなかったことを思い出そう．

　さて，ここでは剛体の運動に制限や仮定は設けていないので，剛体の質量中心の加速度はゼロとは限らない．したがって，これまでのように質量中心を座標の原点とすると，3 章で学んだように慣性力を考えなくてはならない．以下では，その慣性力のモーメントについて考えてみよう．質量中心の加速度を $\boldsymbol{a}_g$ とすると，質量中心（原点）を基準とした慣性力のモーメント $\boldsymbol{N}_{\text{inertia}}$ は，質

点系および通常の剛体に対してそれぞれ

$$\boldsymbol{N}_{\text{inertia}} = -\sum_{i=1}^{n} \boldsymbol{x}_i \times m_i \boldsymbol{a}_{\text{g}}, \quad \boldsymbol{N}_{\text{inertia}} = -\int_V \boldsymbol{x} \times \boldsymbol{a}_{\text{g}} \rho \, dV \quad (8.35)$$

となる。いま、位置ベクトル $\boldsymbol{x}$ の原点は質量中心なので、それぞれ

$$\sum_{i=1}^{n} \boldsymbol{x}_i m_i = m \boldsymbol{x}_{\text{g}} = \boldsymbol{0}, \quad \int_V \boldsymbol{x} \rho \, dV = m \boldsymbol{x}_{\text{g}} = \boldsymbol{0} \quad (8.36)$$

である。ここで、m は剛体の全質量である。$\boldsymbol{x}_{\text{g}}$ は質量中心の位置ベクトルであり、原点なのでゼロベクトルである。したがって、式 (8.35) に示した質量中心を基準とした慣性力のモーメント $\boldsymbol{N}_{\text{inertia}}$ はゼロになる。

以上から、剛体の質量中心が加速度運動をしていても、回転に関する運動は並進運動とは独立して、前項で示した運動方程式 (8.34) が成り立つことがわかった。まとめると、剛体の平面内の運動は、並進に関する運動方程式

$$\boldsymbol{f} = \frac{d\boldsymbol{p}}{dt} = m \frac{d^2 \boldsymbol{x}_{\text{g}}}{dt^2} \quad (8.37)$$

と回転の運動方程式

$$N = \frac{dL}{dt} = I \frac{d\omega}{dt} \quad (8.38)$$

によって記述される。

8.2.5 剛体の運動エネルギー

質点の運動エネルギーは

$$K = \frac{1}{2} m |\boldsymbol{v}|^2 = \frac{1}{2} m \boldsymbol{v} \cdot \boldsymbol{v} \quad (8.39)$$

であることをすでに学んだ。これをもとに、剛体の運動エネルギーについて考えてみよう。

まず、準備として任意の点の速度ベクトル $\boldsymbol{v}$ を、剛体の質量中心の速度と質量中心に対する相対的な速度 $\boldsymbol{v}'$ の和として

$$\boldsymbol{v} = \boldsymbol{v}_{\text{g}} + \boldsymbol{v}' \quad (8.40)$$

と表しておく。8.2.2 項では，質量中心を原点とした任意の点の速度を導いたが，位置や速度を，質量中心に対する相対的な位置や速度に置き換えると，式 (8.23) や式 (8.25) にならい，本項での質量中心に対する相対的な速度 $\bm{v}'$ は，質量中心からの相対的な位置ベクトル $\bm{x}'$ と剛体の回転速度ベクトル $\bm{\omega}$ により

$$\bm{v}' = \bm{\omega} \times \bm{x}' = \omega \left\{ \begin{array}{c} -y' \\ x' \\ 0 \end{array} \right\} \tag{8.41}$$

と表すことができる。

以上の準備をもとに，まず，多質点系からなる剛体の運動エネルギーを考えよう。i 番目の質点の運動エネルギーは

$$\frac{1}{2} m_i \bm{v}_i \cdot \bm{v}_i \tag{8.42}$$

と表される。ここで，m_i, $\bm{v}_i$ は質点 i の質量および速度である。式 (8.40) および式 (8.41) を考慮しつつ，個々の質点の運動エネルギー (8.42) の総和をとると，剛体の運動エネルギー K は

$$\begin{aligned} K &= \sum_{i=1}^{n} \frac{1}{2} m_i \left(\bm{v}_g + \bm{v}'_i\right) \cdot \left(\bm{v}_g + \bm{v}'_i\right) \\ &= \sum_{i=1}^{n} \frac{1}{2} m_i \left\{ \bm{v}_g \cdot \bm{v}_g + 2\,\bm{v}_g \cdot \bm{v}'_i + \bm{v}'_i \cdot \bm{v}'_i \right\} \\ &= \sum_{i=1}^{n} \frac{1}{2} m_i \left\{ \bm{v}_g \cdot \bm{v}_g + 2\,\bm{v}_g \cdot (\bm{\omega} \times \bm{x}'_i) + \bm{v}'_i \cdot \bm{v}'_i \right\} \end{aligned} \tag{8.43}$$

と表される。上式最終行の第 1 項において，m_i の総和は剛体の全質量 m となる。同じく第 2 項は，質量のモーメント $\bm{s}$ がゼロになることから

$$\begin{aligned} \sum_{i=1}^{n} \frac{1}{2} m_i\, 2\,\bm{v}_g \cdot (\bm{\omega} \times \bm{x}'_i) &= \bm{v}_g \cdot \left(\bm{\omega} \times \sum_{i=1}^{n} m_i \bm{x}'_i \right) \\ &= \bm{v}_g \cdot (\bm{\omega} \times \bm{s}) = \bm{0} \end{aligned} \tag{8.44}$$

となる。さらに，第 3 項は

8.2 剛体の平面内の回転運動

$$\sum_{i=1}^{n} \frac{1}{2} m_i \boldsymbol{v}'_i \cdot \boldsymbol{v}'_i = \sum_{i=1}^{n} \frac{1}{2} m_i \omega^2 \left\{ (x')^2 + (y')^2 \right\} = \frac{1}{2} I \omega^2 \tag{8.45}$$

となる。以上から，剛体の運動エネルギー (8.43) は最終的に

$$K = \frac{1}{2} m \boldsymbol{v}_g \cdot \boldsymbol{v}_g + \frac{1}{2} I \omega^2 \tag{8.46}$$

となる。

つぎに，質量が分布する剛体の運動エネルギーを考えよう。これまでと同様に，剛体の微小体積要素を質点とみなして，それらを足し合わせる（積分する）ことで剛体の運動エネルギーが記述できそうである。質量 $m = \rho \, dV$ を用いて

$$\frac{1}{2} \boldsymbol{v} \cdot \boldsymbol{v} \rho \, dV \tag{8.47}$$

を微小体積要素の運動エネルギーとする。速度ベクトル $\boldsymbol{v}$ を，剛体の質量中心の速度と質量中心からの相対的な速度で表した式 (8.41) を用いて，微小体積要素の運動エネルギー (8.47) を剛体の領域で積分することで，剛体の運動エネルギー K は

$$\begin{aligned} K &= \int_V \frac{1}{2} \left(\boldsymbol{v}_g + \boldsymbol{v}' \right) \cdot \left(\boldsymbol{v}_g + \boldsymbol{v}' \right) \rho \, dV \\ &= \int_V \frac{1}{2} \left\{ \boldsymbol{v}_g \cdot \boldsymbol{v}_g + 2 \boldsymbol{v}_g \cdot \boldsymbol{v}' + \boldsymbol{v}' \cdot \boldsymbol{v}' \right\} \rho \, dV \\ &= \int_V \frac{1}{2} \left\{ \boldsymbol{v}_g \cdot \boldsymbol{v}_g + 2 \boldsymbol{v}_g \cdot (\boldsymbol{\omega} \times \boldsymbol{x}') + \boldsymbol{v}' \cdot \boldsymbol{v}' \right\} \rho \, dV \end{aligned} \tag{8.48}$$

と表される。さらに，先ほどと同様に，剛体の全質量 m，質量のモーメント $\boldsymbol{s}$ がゼロになること，$\boldsymbol{v}'$ の成分と慣性モーメント I を考慮すると

$$K = \frac{1}{2} m \boldsymbol{v}_g \cdot \boldsymbol{v}_g + \frac{1}{2} I \omega^2 \tag{8.49}$$

を得る。上式は，質点系からなる剛体の運動エネルギー (8.46) と完全に等価である。上式の右辺第 1 項は，剛体の全質量および質量中心の速度ベクトル $\boldsymbol{v}_g$ の大きさの 2 乗に比例し，回転速度には依存しないことからもわかるように，並進運動に関する運動エネルギーであり，形式的に質点の運動エネルギーと同じで

ある。第2項は,質量中心の速度には依存せず,慣性モーメントおよび回転速度 ω の2乗に比例することから,回転運動に関する運動エネルギーであることが明らかである。エネルギーにおいて,並進運動の質量と回転運動の慣性モーメントが対応していることがわかる。また,剛体の運動エネルギーは,質量中心に質量が集中した場合の運動エネルギーと,質量中心まわりに回転する回転運動エネルギーの和として表されるともいえるだろう。

8.2.6 力のモーメントのなす仕事

4章において,力とその方向の変位の成分との積が仕事になること,力のなした仕事は運動エネルギーになることを学んだ。一方,8.2.5項において,剛体の回転運動の運動エネルギーは,回転慣性と角速度によって記述できることがわかった。ここでは,この回転運動の運動エネルギーと等価な仕事について考えてみよう。

回転運動が,力のモーメントによって生じることは,回転の運動方程式 (8.34) からわかるだろう。そこで,力のモーメントと等価な偶力の仕事について考えてみよう。図 **8.2** に示すように,力 $\boldsymbol{f}_1, \boldsymbol{f}_2$ が距離 ℓ を隔てて,剛体に作用しているとする。

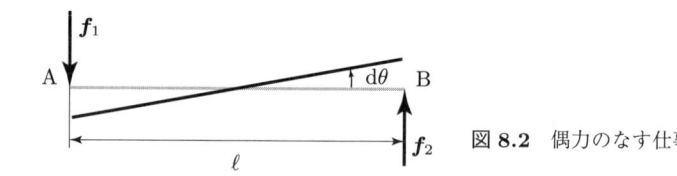

図 **8.2** 偶力のなす仕事

二つの力のノルムはともに $|\boldsymbol{f}_1| = |\boldsymbol{f}_2| = f$ で,かつ,たがいに逆向き $\boldsymbol{f}_2 = -\boldsymbol{f}_1$ であり,偶力 $N = f\ell$ となっている。この偶力を受けて,剛体が微小な角度 $d\theta$ だけ回転したとする。二つの力の合力は $\boldsymbol{f}_1 + \boldsymbol{f}_2 = \boldsymbol{f}_1 - \boldsymbol{f}_1 = \boldsymbol{0}$ とゼロになるため,合力の仕事もゼロになる。ただし,二つの力を別々に考えてみると,力 $\boldsymbol{f}_1$ の作用点は微小回転 $d\theta$ により $\frac{1}{2}\ell d\theta$ だけ変位しているので,$\frac{1}{2}f\ell d\theta$ の仕

事をなしている．同様に，力 f_2 も $\frac{1}{2} f\ell\, d\theta$ の仕事をなしている．以上から，偶力 $N = f\ell$ の仕事 W は，二つの力のなした仕事の和から

$$W = f\ell\, d\theta = N\, d\theta \tag{8.50}$$

と表すことができ，偶力，すなわち力のモーメントのなす仕事は力のモーメントと角変位の積であることがわかった．一定でない力のモーメント N が角変位 θ_1 から θ_2 の間になす仕事は，力のなす仕事のときと同様に，力のモーメントと微小な角変位の増分の積の足し合わせとして

$$W = \int_{\theta_1}^{\theta_2} N\, d\theta \tag{8.51}$$

となる．

8.2.7 慣性モーメント

本章の冒頭の図 8.1 に示した二つの剛体の慣性モーメントを具体的に求めてみよう．

まず，図 8.1 (a) は 1 辺 r_0 の正六角形の頂点に，質量 m_0 の質点が 6 個配置され，たがいの位置は変化しない剛体である．半径 r_0 の円周上に等間隔で 6 個の質点が配置された剛体ということもできる．この剛体の慣性モーメント I_a は，$x_i^2 + y_i^2 = r_0^2$ であることを考慮すると，その定義式 (8.30) から

$$I_\mathrm{a} = \sum_{i=1}^{6} m_i \left(x_i^2 + y_i^2\right) = 6 m_0 r_0^2 = m r_0^2 \tag{8.52}$$

となる．ここで，各質点の質量が同じ $m_i = m_0$ $(i = 1, 2, \cdots, 6)$ であること，および剛体の全質量 m が $m = \sum_{i=1}^{6} m_i = 6 m_0$ と表されることを用いた．なお，この例では 6 個の質点を用いたが，同じ半径 r_0 上に，全質量が変わらないように n 個の質点を配置しても，慣性モーメントは変わらない．

一方，図 8.1 (b) は半径 r_0，高さ h の円柱で一様な密度 ρ が分布している剛体である．この剛体の慣性モーメント I_b は，その定義式 (8.31) によって求

められるが、x-y 平面内の積分を極座標 r-θ を用いて $dV = dr\, r d\theta\, dz$ とし、$x^2 + y^2 = r^2$ であることを考慮すると

$$\begin{aligned}
I_b &= \int_V \rho\left(x^2 + y^2\right) dV = \int_0^h \int_0^{2\pi} \int_0^{r_0} \rho r^2\, dr\, r\, d\theta\, dz \\
&= \frac{1}{2}\pi\rho r_0^4 h = \frac{1}{2}m r_0^2
\end{aligned} \tag{8.53}$$

となる。ここで、剛体の全質量 m が $m = \int_V \rho\, dV = \rho\pi r_0^2 h$ と表されることを用いた。

図 8.1 (a) の剛体で質点の数を多くすると、剛体の形は円に近づき、図 8.1 (b) の剛体と外形は同じになる。このとき、両剛体の全質量 m と長さ r_0 がともに同じだとしても、慣性モーメントは同じにはならない。これは、図 8.1 (a) の剛体では、その質量がすべて質量中心から距離 r_0 の点にあるのに対し、図 8.1 (b) の剛体では、質量中心からの距離が r_0 の点からゼロの点にかけて、等しく質量が分布しているためである。その結果、慣性モーメント I_b は I_a に比べて小さくなる。

8.3　剛体の回転運動

前節では剛体の平面内の運動について学んだ。本節では、いよいよ平面内という限定を取り払って、剛体の3次元の運動について考えてみよう。この場合、剛体の回転軸の向きは限定されないので、剛体は回転に関して3自由度を持ち、並進方向の3自由度とあわせて、全部で6の自由度を持つ。

8.3.1　剛体の角運動量と慣性モーメントテンソル

7 章で学んだように、回転の運動方程式は、力のモーメントが角運動量の時間変化に等しいという関係で記述できる。したがって、剛体の回転運動を記述するために、まず剛体の角運動量から考えることにしよう。前節で剛体の平面内の回転について学び、8.2.1 項で剛体の角運動量をすでに求めている。その際

8.3 剛体の回転運動

に，角運動量の定義自体に，剛体の回転が平面内であるという条件は用いていないので，式 (8.20) および式 (8.22) の角運動量

$$L = \sum_{i=1}^{n} x_i \times p_i, \quad L = \int_V x \times v \rho \, dV \tag{8.54}$$

は，剛体の回転を平面に限らない本節においても，そのまま適用可能である．また，8.2.4 項で見たように，力そのものが働いていても，回転運動には影響を及ぼさず，8.1 節の剛体の並進運動は独立に成り立つ．

前節において，質量中心を原点とする座標系を用いても，慣性力は回転運動に影響を及ぼさないことがわかったので，ここでも座標の原点を剛体の質量中心とする．さらに，前節と同様に，任意の点の速度 v を角速度ベクトル ω と位置ベクトル x の外積により $v = \omega \times x$ と表しておく．すると，角運動量ベクトルに含まれる項 $x \times v$ は

$$x \times v = x \times (\omega \times x) \tag{8.55}$$

となる．ここで，ベクトル 3 重積の公式[†1]

$$a \times (b \times c) = (a \cdot c) b - (a \cdot b) c \tag{8.56}$$

より

$$x \times (\omega \times x) = (x \cdot x) \omega - (x \cdot \omega) x \tag{8.57}$$

を得る．さらに，テンソル積 $\otimes$ の定義[†2]

[†1] この公式の確認は，演習問題 [8.6] で成分計算をすることにより行う．この式を直感的に理解することは簡単ではないが，以下に，幾何学的な説明を試みよう．まず，$d = b \times c$ とすると，d は b と c によって決定される平面 α に垂直なベクトルである．さらに，$a \times (b \times c) = a \times d = e$ は，a と，d すなわち平面 α に垂直なベクトルに垂直である．したがって，e は平面 α 上のベクトルである．平面 α 上の任意のベクトルは，平面 α を決定する二つの 1 次独立なベクトル b と c の線形和で表せるので，実数 c_1, c_2 を用いて $e = c_1 b + c_2 c$ と表せる．

[†2] 式 (8.58) に示す $a \otimes b$ のように，あるベクトルに作用して他のベクトルを生じさせるものをテンソルと呼ぶ．本章ではテンソルおよびテンソルとベクトルの演算がいくつか登場する．テンソルについては，本章を理解するために必要最小限の説明をするが，より詳しくは専門書を参照されたい．変形する物体である連続体の力学におけるテンソル解析については，参考文献 6) を挙げた．

$$(\boldsymbol{a} \otimes \boldsymbol{b}) \cdot \boldsymbol{c} = (\boldsymbol{b} \cdot \boldsymbol{c}) \boldsymbol{a} \tag{8.58}$$

を利用して式 (8.57) の右辺第 2 項を変形すると

$$\begin{aligned}(\boldsymbol{x} \cdot \boldsymbol{x}) \boldsymbol{\omega} - (\boldsymbol{x} \cdot \boldsymbol{\omega}) \boldsymbol{x} &= (\boldsymbol{x} \cdot \boldsymbol{x}) \boldsymbol{E} \cdot \boldsymbol{\omega} - (\boldsymbol{x} \otimes \boldsymbol{x}) \cdot \boldsymbol{\omega} \\ &= \{(\boldsymbol{x} \cdot \boldsymbol{x}) \boldsymbol{E} - \boldsymbol{x} \otimes \boldsymbol{x}\} \cdot \boldsymbol{\omega} \end{aligned} \tag{8.59}$$

を得る。式 (8.57) の右辺第 1 項はスカラー（ベクトルとベクトルの内積）とベクトルで表されているが，右辺第 2 項がテンソルとベクトルの積で表されることにあわせて，単位テンソル $\boldsymbol{E}$ とベクトルの積とした。ここで，単位テンソルとは，任意のベクトル $\boldsymbol{a}$ に対して

$$\boldsymbol{E} \cdot \boldsymbol{a} = \boldsymbol{a} \tag{8.60}$$

を満たすテンソルである。

準備が整ったところで，剛体の質量中心を基準とした角運動量を求めてみよう。質点系からなる剛体の場合，式 (8.54) にここまでの結果を用いると

$$\begin{aligned}\boldsymbol{L} &= \sum_{i=1}^{n} m_i \boldsymbol{x}_i \times \boldsymbol{v}_i \\ &= \sum_{i=1}^{n} m_i \{(\boldsymbol{x}_i \cdot \boldsymbol{x}_i) \boldsymbol{E} - \boldsymbol{x}_i \otimes \boldsymbol{x}_i\} \cdot \boldsymbol{\omega} \\ &= \boldsymbol{I} \cdot \boldsymbol{\omega} \end{aligned} \tag{8.61}$$

となる。ここで，$\boldsymbol{I}$ は**慣性モーメントテンソル**（moment of inertia tensor）もしくは単に**慣性テンソル**（inertia tensor）と呼ばれ

$$\boldsymbol{I} = \sum_{i=1}^{n} m_i \{(\boldsymbol{x}_i \cdot \boldsymbol{x}_i) \boldsymbol{E} - \boldsymbol{x}_i \otimes \boldsymbol{x}_i\} \tag{8.62}$$

と定義される。質量の分布する剛体に対しても，同様にして

$$\begin{aligned}\boldsymbol{L} &= \int_V \boldsymbol{x} \times \boldsymbol{v} \, \rho \, \mathrm{d}V \\ &= \int_V \{(\boldsymbol{x} \cdot \boldsymbol{x}) \boldsymbol{E} - \boldsymbol{x} \otimes \boldsymbol{x}\} \cdot \boldsymbol{\omega} \, \rho \, \mathrm{d}V \end{aligned}$$

8.3 剛体の回転運動

$$= \boldsymbol{I} \cdot \boldsymbol{\omega} \tag{8.63}$$

を得る．ここで，慣性モーメントテンソル $\boldsymbol{I}$ の定義は

$$\boldsymbol{I} = \int_V \{(\boldsymbol{x} \cdot \boldsymbol{x}) \boldsymbol{E} - \boldsymbol{x} \otimes \boldsymbol{x}\} \rho \, \mathrm{d}V \tag{8.64}$$

である．

ここで，式 (1.29) で示したベクトルの成分表示

$$\boldsymbol{f} = f_x \boldsymbol{e}_x + f_y \boldsymbol{e}_y + f_z \boldsymbol{e}_z = \left\{ \begin{array}{c} f_x \\ f_y \\ f_z \end{array} \right\} \tag{8.65}$$

にならい，テンソルの成分表示を

$$\begin{aligned} \boldsymbol{A} &= A_{xx} \boldsymbol{e}_x \otimes \boldsymbol{e}_x + A_{xy} \boldsymbol{e}_x \otimes \boldsymbol{e}_y + A_{xz} \boldsymbol{e}_x \otimes \boldsymbol{e}_z \\ &\quad + A_{yx} \boldsymbol{e}_y \otimes \boldsymbol{e}_x + A_{yy} \boldsymbol{e}_y \otimes \boldsymbol{e}_y + A_{yz} \boldsymbol{e}_y \otimes \boldsymbol{e}_z \\ &\quad + A_{zx} \boldsymbol{e}_z \otimes \boldsymbol{e}_x + A_{zy} \boldsymbol{e}_z \otimes \boldsymbol{e}_y + A_{zz} \boldsymbol{e}_z \otimes \boldsymbol{e}_z \\ &= \left[\begin{array}{ccc} A_{xx} & A_{xy} & A_{xz} \\ A_{yx} & A_{yy} & A_{yz} \\ A_{zx} & A_{zy} & A_{zz} \end{array} \right] \end{aligned} \tag{8.66}$$

と定めることにする．質量が分布する剛体の質量中心を基準とした慣性モーメントテンソルを，成分で表すと

$$\boldsymbol{I} = \left[\begin{array}{ccc} \int_V \rho \left(y^2 + z^2 \right) \mathrm{d}V & -\int_V \rho xy \, \mathrm{d}V & -\int_V \rho xz \, \mathrm{d}V \\ -\int_V \rho yx \, \mathrm{d}V & \int_V \rho \left(z^2 + x^2 \right) \mathrm{d}V & -\int_V \rho yz \, \mathrm{d}V \\ -\int_V \rho zx \, \mathrm{d}V & -\int_V \rho zy \, \mathrm{d}V & \int_V \rho \left(x^2 + y^2 \right) \mathrm{d}V \end{array} \right] \tag{8.67}$$

となる．慣性モーメントテンソルの成分は，$I_{xy} = I_{yx}$，$I_{yz} = I_{zy}$，$I_{zx} = I_{xz}$

をつねに満たすことから，慣性モーメントテンソルは対称テンソルである[†]。慣性モーメントテンソルは，その定義からわかるように，一般には剛体の回転とともに変化する。この点は，前節で学んだ剛体が平面内を回転する場合と異なる。

慣性モーメントテンソルの成分を考慮すると，剛体の角運動量 $\boldsymbol{L}$ の成分は

$$\left\{\begin{array}{c} L_x \\ L_y \\ L_z \end{array}\right\} = \left[\begin{array}{ccc} I_{xx} & I_{xy} & I_{xz} \\ I_{yx} & I_{yy} & I_{yz} \\ I_{zx} & I_{zy} & I_{zz} \end{array}\right] \left\{\begin{array}{c} \omega_x \\ \omega_y \\ \omega_z \end{array}\right\} \tag{8.68}$$

と表される。慣性モーメントテンソルの対角成分

$$I_{xx} = \int_V \rho\left(y^2 + z^2\right) dV \tag{8.69}$$

$$I_{yy} = \int_V \rho\left(z^2 + x^2\right) dV \tag{8.70}$$

$$I_{zz} = \int_V \rho\left(x^2 + y^2\right) dV \tag{8.71}$$

を**慣性モーメント**（moment of inertia）と呼ぶ。上式の I_{zz} は，剛体が平面内を回転する場合の角運動量 $L = I\omega$ における I と同じだが，これは剛体が平面内を回転する場合は角運動量も角速度ベクトルも z 方向成分しか持たず，慣性モーメントテンソルが成分 I_{zz} だけに縮退したためである。また，慣性モーメントテンソルの非対角成分

$$I_{xy} = -\int_V \rho xy\, dV \tag{8.72}$$

$$I_{yz} = -\int_V \rho yz\, dV \tag{8.73}$$

$$I_{zx} = -\int_V \rho zx\, dV \tag{8.74}$$

のことを**慣性乗積**（product of inertia）と呼ぶ。

[†] 任意のベクトル $\boldsymbol{c}, \boldsymbol{d}$ に対して $\boldsymbol{c} \cdot (\boldsymbol{A} \cdot \boldsymbol{d}) = \boldsymbol{d} \cdot \left(\boldsymbol{A}^\mathrm{T} \cdot \boldsymbol{c}\right)$ を満たすテンソル $\boldsymbol{A}^\mathrm{T}$ をテンソル $\boldsymbol{A}$ の転置と呼び，$\boldsymbol{A}^\mathrm{T} = \boldsymbol{A}$ が成り立つとき，テンソル $\boldsymbol{A}$ は対称テンソルであるという。なお，$(\boldsymbol{a} \otimes \boldsymbol{b})^\mathrm{T} = (\boldsymbol{b} \otimes \boldsymbol{a})$ である。ここでは，成分で表したときの行列が対称行列になるようなテンソルが対称テンソルと理解してもよいだろう。

8.3 剛体の回転運動

慣性モーメントテンソルの成分の，座標変換について考えてみよう．x-y-z 座標系と異なる x'-y'-z' において，角運動量の式 (8.68) は

$$\left\{\begin{array}{c} L_{x'} \\ L_{y'} \\ L_{z'} \end{array}\right\} = \left[\begin{array}{ccc} I_{x'x'} & I_{x'y'} & I_{x'z'} \\ I_{y'x'} & I_{y'y'} & I_{y'z'} \\ I_{z'x'} & I_{z'y'} & I_{z'z'} \end{array}\right] \left\{\begin{array}{c} \omega_{x'} \\ \omega_{y'} \\ \omega_{z'} \end{array}\right\} \tag{8.75}$$

と書ける．角運動量ベクトル $\boldsymbol{L}$ も角速度ベクトル $\boldsymbol{\omega}$ も，その成分は座標変換 (1.37) に従うので

$$\left\{\begin{array}{c} L_x \\ L_y \\ L_z \end{array}\right\} = \boldsymbol{T} \left\{\begin{array}{c} L_{x'} \\ L_{y'} \\ L_{z'} \end{array}\right\}, \quad \left\{\begin{array}{c} \omega_x \\ \omega_y \\ \omega_z \end{array}\right\} = \boldsymbol{T} \left\{\begin{array}{c} \omega_{x'} \\ \omega_{y'} \\ \omega_{z'} \end{array}\right\} \tag{8.76}$$

を式 (8.68) に代入して，$\boldsymbol{T}^{\mathrm{T}}$ を両辺に左からかけると

$$\left\{\begin{array}{c} L_{x'} \\ L_{y'} \\ L_{z'} \end{array}\right\} = \boldsymbol{T}^{\mathrm{T}} \left[\begin{array}{ccc} I_{xx} & I_{xy} & I_{xz} \\ I_{yx} & I_{yy} & I_{yz} \\ I_{zx} & I_{zy} & I_{zz} \end{array}\right] \boldsymbol{T} \left\{\begin{array}{c} \omega_{x'} \\ \omega_{y'} \\ \omega_{z'} \end{array}\right\} \tag{8.77}$$

を得る．上式を式 (8.75) と比較すると

$$\left[\begin{array}{ccc} I_{x'x'} & I_{x'y'} & I_{x'z'} \\ I_{y'x'} & I_{y'y'} & I_{y'z'} \\ I_{z'x'} & I_{z'y'} & I_{z'z'} \end{array}\right] = \boldsymbol{T}^{\mathrm{T}} \left[\begin{array}{ccc} I_{xx} & I_{xy} & I_{xz} \\ I_{yx} & I_{yy} & I_{yz} \\ I_{zx} & I_{zy} & I_{zz} \end{array}\right] \boldsymbol{T} \tag{8.78}$$

を得る．これは，一般のテンソルについても成り立つ座標変換則である．

慣性モーメントテンソル $\boldsymbol{I}$ は 2 階の対称テンソルなので，適切な座標系 x'-y'-z' を選ぶことにより

$$\boldsymbol{I} = \left[\begin{array}{ccc} I_{x'} & 0 & 0 \\ 0 & I_{y'} & 0 \\ 0 & 0 & I_{z'} \end{array}\right] \tag{8.79}$$

のように対角化が可能である．上式における $I_{x'}, I_{y'}, I_{z'}$ は，**主慣性モーメント**

(principal moment of inertia) と呼ばれる．主慣性モーメントは，慣性モーメントテンソルの**固有値**（eigenvalue）である．また，慣性モーメントテンソルを対角化できる x', y', z' 軸方向を慣性モーメントテンソルの**主軸**（principal axis）と呼ぶ．x', y', z' 軸方向は，慣性モーメントテンソルの**固有ベクトル**（eigenvector）の方向と一致する．

8.3.2 剛体の回転の運動方程式

前項の結果から，剛体の角運動量 $\boldsymbol{L}$ は，慣性モーメントテンソルと角速度ベクトルにより

$$\boldsymbol{L} = \boldsymbol{I} \cdot \boldsymbol{\omega} \tag{8.80}$$

と表された．これより，回転の運動方程式は

$$\boldsymbol{N} = \frac{\mathrm{d}\boldsymbol{L}}{\mathrm{d}t} = \frac{\mathrm{d}\boldsymbol{I}}{\mathrm{d}t} \cdot \boldsymbol{\omega} + \boldsymbol{I} \cdot \frac{\mathrm{d}\boldsymbol{\omega}}{\mathrm{d}t} \tag{8.81}$$

となるが，上式の最右辺の第1項に現れる慣性モーメントテンソルの時間微分は，その定義から少々やっかいである．そのため，剛体の回転に関する運動を記述する場合は，しばしば剛体に埋め込まれた移動座標系，すなわち空間固定の座標系に対して角速度 $\boldsymbol{\omega}$ で回転する座標系が用いられる．

角運動量を，空間固定の x-y-z 座標系と，剛体に埋め込まれて剛体とともに回転する x'-y'-z' 座標系の，二つの座標系の成分と基底ベクトルで表すと

$$\boldsymbol{L} = L_x \boldsymbol{e}_x + L_y \boldsymbol{e}_y + L_z \boldsymbol{e}_z \tag{8.82}$$

$$= L_{x'} \boldsymbol{e}_{x'} + L_{y'} \boldsymbol{e}_{y'} + L_{z'} \boldsymbol{e}_{z'} \tag{8.83}$$

となる．ここで，剛体の回転の運動方程式に含まれる角運動量の時間微分を考える．まず，空間固定の座標系で角運動量を表した式 (8.82) の時間微分は

$$\frac{\mathrm{d}\boldsymbol{L}}{\mathrm{d}t} = \frac{\mathrm{d}L_x}{\mathrm{d}t}\boldsymbol{e}_x + \frac{\mathrm{d}L_y}{\mathrm{d}t}\boldsymbol{e}_y + \frac{\mathrm{d}L_z}{\mathrm{d}t}\boldsymbol{e}_z + L_x \frac{\mathrm{d}\boldsymbol{e}_x}{\mathrm{d}t} + L_y \frac{\mathrm{d}\boldsymbol{e}_y}{\mathrm{d}t} + L_z \frac{\mathrm{d}\boldsymbol{e}_z}{\mathrm{d}t}$$

$$= \frac{\mathrm{d}L_x}{\mathrm{d}t}\boldsymbol{e}_x + \frac{\mathrm{d}L_y}{\mathrm{d}t}\boldsymbol{e}_y + \frac{\mathrm{d}L_z}{\mathrm{d}t}\boldsymbol{e}_z \tag{8.84}$$

8.3 剛体の回転運動

となる。上式の誘導において,空間固定の座標系の基底ベクトル e_x, e_y, e_z は変化しないので時間微分がゼロであることを用いた。上式の角運動量の時間微分には,慣性モーメントテンソルの時間微分が含まれることは,先に説明したとおりである。

つぎに,剛体に埋め込まれた座標系で角運動量を表した式 (8.83) の時間微分は

$$\frac{d\boldsymbol{L}}{dt} = \frac{dL_{x'}}{dt}\boldsymbol{e}_{x'} + \frac{dL'_y}{dt}\boldsymbol{e}_{y'} + \frac{dL'_z}{dt}\boldsymbol{e}_{z'} \\ + L_{x'}\frac{d\boldsymbol{e}_{x'}}{dt} + L_{y'}\frac{d\boldsymbol{e}_{y'}}{dt} + L_{z'}\frac{d\boldsymbol{e}_{z'}}{dt} \tag{8.85}$$

となる。角運動量の埋め込み座標系の成分の時間微分を含む,上式の右辺第 1, 2, 3 項について見てみよう。例えば,第 1 項の $L_{x'}$ は

$$L_{x'} = I_{x'x'}\omega_{x'} + I_{x'y'}\omega_{y'} + I_{x'z'}\omega_{z'} \tag{8.86}$$

と表され,慣性モーメントテンソルの埋め込み座標系の成分と,角速度ベクトルの埋め込み座標系の成分の積となっている。慣性モーメントテンソルの被積分関数には質量中心からの位置ベクトルが含まれているが,位置ベクトルの埋め込み座標系の成分は不変である。したがって,慣性モーメントテンソルの埋め込み座標系の成分も不変となる。よってその時間微分はゼロになることから

$$\frac{dL_{x'}}{dt} = I_{x'x'}\frac{d\omega_{x'}}{dt} + I_{x'y'}\frac{d\omega_{y'}}{dt} + I_{x'z'}\frac{d\omega_{z'}}{dt} \tag{8.87}$$

を得る。他の成分も同様に考えることにより,式 (8.85) の右辺第 1, 2, 3 項は

$$\frac{dL_{x'}}{dt}\boldsymbol{e}_{x'} + \frac{dL'_y}{dt}\boldsymbol{e}'_y + \frac{dL'_z}{dt}\boldsymbol{e}'_z = \boldsymbol{I} \cdot \frac{d\boldsymbol{\omega}}{dt} \tag{8.88}$$

となる。このように,埋め込み座標系を用いると,慣性モーメントテンソルの時間微分が含まれなくなる。それと引き換えに,3 章で学んだように,回転する埋め込み座標系は慣性系ではないので,慣性力を考える必要があることが予

想される．実際に，式 (8.85) 右辺の第 4, 5, 6 項には剛体に埋め込まれた基底ベクトルの時間微分が含まれる．剛体は回転速度ベクトル $\boldsymbol{\omega}$ で回転しているので，埋め込まれた基底ベクトルの時間微分は

$$\frac{d\boldsymbol{e}_{x'}}{dt} = \boldsymbol{\omega} \times \boldsymbol{e}_{x'}, \quad \frac{d\boldsymbol{e}_{y'}}{dt} = \boldsymbol{\omega} \times \boldsymbol{e}_{y'}, \quad \frac{d\boldsymbol{e}_{z'}}{dt} = \boldsymbol{\omega} \times \boldsymbol{e}_{z'} \tag{8.89}$$

となる．したがって，式 (8.85) の右辺第 4, 5, 6 項は

$$\begin{aligned}
& L_{x'} \frac{d\boldsymbol{e}_{x'}}{dt} + L_{y'} \frac{d\boldsymbol{e}_{y'}}{dt} + L_{z'} \frac{d\boldsymbol{e}_{z'}}{dt} \\
&= L_{x'} \boldsymbol{\omega} \times \boldsymbol{e}_{x'} + L_{y'} \boldsymbol{\omega} \times \boldsymbol{e}_{y'} + L_{z'} \boldsymbol{\omega} \times \boldsymbol{e}_{z'} \\
&= \boldsymbol{\omega} \times (L_{x'} \boldsymbol{e}_{x'} + L_{y'} \boldsymbol{e}_{y'} + L_{z'} \boldsymbol{e}_{z'}) \\
&= \boldsymbol{\omega} \times \boldsymbol{L}
\end{aligned} \tag{8.90}$$

となり，これが回転する埋め込み座標系における慣性力に相当する．

以上から，式 (8.85) に示された角運動量の時間微分は，式 (8.90) および式 (8.88) の和で表される．したがって，回転の運動方程式は

$$\boldsymbol{N} = \boldsymbol{I} \cdot \frac{d\boldsymbol{\omega}}{dt} + \boldsymbol{\omega} \times \boldsymbol{L} \tag{8.91}$$

と表すことができる．剛体に埋め込まれた移動座標をどの方向に埋め込むかは自由だが，慣性モーメントテンソルが簡単になるように，慣性主軸にとるのが普通だろう．慣性主軸を剛体に埋め込まれた移動座標系とすると，角運動量は

$$\boldsymbol{L} = \boldsymbol{I} \cdot \boldsymbol{\omega} = \begin{bmatrix} I_{x'} & 0 & 0 \\ 0 & I_{y'} & 0 \\ 0 & 0 & I_{z'} \end{bmatrix} \begin{Bmatrix} \omega_{x'} \\ \omega_{y'} \\ \omega_{z'} \end{Bmatrix} = \begin{Bmatrix} I_{x'}\omega_{x'} \\ I_{y'}\omega_{y'} \\ I_{z'}\omega_{z'} \end{Bmatrix} \tag{8.92}$$

と表せる．これを回転の運動方程式 (8.91) に代入すると，最終的に

$$\begin{Bmatrix} N_{x'} \\ N_{y'} \\ N_{z'} \end{Bmatrix} = \begin{Bmatrix} I_{x'} \dfrac{d\omega_{x'}}{dt} - (I_{y'} - I_{z'})\omega_{y'}\omega_{z'} \\ I_{y'} \dfrac{d\omega_{y'}}{dt} - (I_{z'} - I_{x'})\omega_{z'}\omega_{x'} \\ I_{z'} \dfrac{d\omega_{z'}}{dt} - (I_{x'} - I_{y'})\omega_{x'}\omega_{y'} \end{Bmatrix} \tag{8.93}$$

8.3 剛体の回転運動

を得る。上式は剛体の慣性モーメントテンソルの主軸を埋め込み座標系として表した回転の運動方程式であるが，一般に**オイラーの運動方程式**（Euler's equation of motion）と呼ばれる。

8.3.3 剛体の運動エネルギー

剛体の平面内の回転のときと同様に，質点の運動エネルギー

$$K = \frac{1}{2} m \boldsymbol{v} \cdot \boldsymbol{v} \tag{8.94}$$

から剛体の運動エネルギーを求めてみよう。前節と同様に，剛体の微小領域を質点とみなして，それらを足し合わせる（積分する）ことで

$$K = \int_V \frac{1}{2} \boldsymbol{v} \cdot \boldsymbol{v} \, \rho \, \mathrm{d}V \tag{8.95}$$

を剛体の運動エネルギーとする。前節と同様に，速度ベクトル $\boldsymbol{v}$ は，剛体の質量中心の速度 $\boldsymbol{v}_\mathrm{g}$，質量中心からの位置ベクトル $\boldsymbol{x}'$，回転速度 $\boldsymbol{\omega}$ により

$$\boldsymbol{v} = \boldsymbol{v}_\mathrm{g} + \boldsymbol{v}' = \boldsymbol{v}_\mathrm{g} + \boldsymbol{\omega} \times \boldsymbol{x}' \tag{8.96}$$

と表しておく。この関係を用いると，剛体の運動エネルギー (8.95) は

$$\begin{aligned} K &= \int_V \frac{1}{2} \left(\boldsymbol{v}_\mathrm{g} + \boldsymbol{\omega} \times \boldsymbol{x}' \right) \cdot \left(\boldsymbol{v}_\mathrm{g} + \boldsymbol{\omega} \times \boldsymbol{x}' \right) \rho \, \mathrm{d}V \\ &= \int_V \frac{1}{2} \left\{ \boldsymbol{v}_\mathrm{g} \cdot \boldsymbol{v}_\mathrm{g} + 2\,\boldsymbol{v}_\mathrm{g} \cdot (\boldsymbol{\omega} \times \boldsymbol{x}') + (\boldsymbol{\omega} \times \boldsymbol{x}') \cdot (\boldsymbol{\omega} \times \boldsymbol{x}') \right\} \rho \, \mathrm{d}V \end{aligned} \tag{8.97}$$

と表される。右辺は長いので，被積分関数の項別に積分を実行しよう。まず，第 1 項は剛体の質量中心の速度なので，積分の外に出すことができ

$$\int_V \frac{1}{2} \boldsymbol{v}_\mathrm{g} \cdot \boldsymbol{v}_\mathrm{g} \rho \, \mathrm{d}V = \frac{1}{2} \boldsymbol{v}_\mathrm{g} \cdot \boldsymbol{v}_\mathrm{g} \int_V \rho \, \mathrm{d}V = \frac{1}{2} m \, \boldsymbol{v}_\mathrm{g} \cdot \boldsymbol{v}_\mathrm{g} \tag{8.98}$$

となる。つぎに，第 2 項は

$$\int_V \boldsymbol{v}_\mathrm{g} \cdot (\boldsymbol{\omega} \times \boldsymbol{x}') \rho \, \mathrm{d}V = \boldsymbol{v}_\mathrm{g} \cdot \left(\boldsymbol{\omega} \times \int_V \boldsymbol{x}' \rho \, \mathrm{d}V \right)$$

$$= \boldsymbol{v}_g \cdot (\boldsymbol{\omega} \times \boldsymbol{s}) = 0 \tag{8.99}$$

と,ゼロになる。ここで,質量中心を基準とした質量のモーメントがゼロになることを用いた。第3項は,被積分関数 $(\boldsymbol{\omega} \times \boldsymbol{x}') \cdot (\boldsymbol{\omega} \times \boldsymbol{x}') = \boldsymbol{v}' \cdot (\boldsymbol{\omega} \times \boldsymbol{x}')$ をベクトルのスカラー3重積の公式[†]

$$\boldsymbol{a} \cdot (\boldsymbol{b} \times \boldsymbol{c}) = \boldsymbol{b} \cdot (\boldsymbol{c} \times \boldsymbol{a}) \tag{8.100}$$

を用いて

$$(\boldsymbol{\omega} \times \boldsymbol{x}') \cdot (\boldsymbol{\omega} \times \boldsymbol{x}') = \boldsymbol{v}' \cdot (\boldsymbol{\omega} \times \boldsymbol{x}') = \boldsymbol{\omega} \cdot (\boldsymbol{x}' \times \boldsymbol{v}') \tag{8.101}$$

と変形してから積分を考えると

$$\int_V \frac{1}{2} (\boldsymbol{\omega} \times \boldsymbol{x}') \cdot (\boldsymbol{\omega} \times \boldsymbol{x}') \rho \, dV = \frac{1}{2} \boldsymbol{\omega} \cdot \int_V \boldsymbol{x}' \times \boldsymbol{v}' \rho \, dV$$
$$= \frac{1}{2} \boldsymbol{\omega} \cdot \boldsymbol{L} = \frac{1}{2} \boldsymbol{\omega} \cdot \boldsymbol{I} \cdot \boldsymbol{\omega} \tag{8.102}$$

となる。以上から,剛体の運動エネルギー

$$K = \frac{1}{2} m \boldsymbol{v}_g \cdot \boldsymbol{v}_g + \frac{1}{2} \boldsymbol{\omega} \cdot \boldsymbol{I} \cdot \boldsymbol{\omega} \tag{8.103}$$

を得る。上式の右辺第1項は,剛体の質量中心の速度ベクトル $\boldsymbol{v}_g$ にのみ依存することからもわかるように,並進運動に関する運動エネルギーであり,形式的に質点の運動エネルギーと同じである。第2項は,回転速度ベクトル $\boldsymbol{\omega}$ にのみ依存することから,回転運動に関する運動エネルギーである。なお,慣性モーメントテンソルの成分を主軸に選べば,上式の右辺第2項の回転の運動エネルギーは

$$\frac{1}{2} \boldsymbol{\omega} \cdot \boldsymbol{I} \cdot \boldsymbol{\omega} = \frac{1}{2} \left(I_{x'} \omega_{x'}^2 + I_{y'} \omega_{y'}^2 + I_{z'} \omega_{z'}^2 \right) \tag{8.104}$$

と表すこともできる。

[†] スカラー3重積 $\boldsymbol{a} \cdot (\boldsymbol{b} \times \boldsymbol{c})$ の幾何学的な意味を説明しよう。$\boldsymbol{b} \times \boldsymbol{c}$ は,外積の定義から $\boldsymbol{b}$ と $\boldsymbol{c}$ を隣り合う辺とする平行四辺形の面積と等しい大きさを持つ平行四辺形に垂直なベクトルである。$\boldsymbol{b} \times \boldsymbol{c} = \boldsymbol{d}$ とすると,$\boldsymbol{d}$ と $\boldsymbol{a}$ の内積は,$\boldsymbol{b}$ と $\boldsymbol{c}$ からなる平行四辺形に垂直な方向の $\boldsymbol{a}$ の成分と $\boldsymbol{d}$ のノルムの積である。したがって,三つのベクトルからなる平行六面体を考えると,スカラー3重積はその体積(底面積×高さ)である。さらに,底面である平行四辺形は $\boldsymbol{c} \times \boldsymbol{a}$ もしくは $\boldsymbol{a} \times \boldsymbol{b}$ と考えてもよいので,$\boldsymbol{a} \cdot (\boldsymbol{b} \times \boldsymbol{c}) = \boldsymbol{b} \cdot (\boldsymbol{c} \times \boldsymbol{a}) = \boldsymbol{c} \cdot (\boldsymbol{a} \times \boldsymbol{b})$ であることがわかる。

8.3.4 慣性モーメントテンソル

本項では，具体的な剛体の慣性モーメントテンソルを求めてみよう。

〔1〕**直方体** 図 8.3 に示すような，密度 ρ で一様な直方体の剛体を考えよう。各辺は x 軸，y 軸，z 軸に平行で，それぞれの辺の長さは a, b, c である。

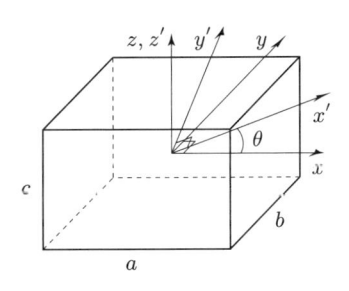

図 8.3 直方体の剛体

まず，対角項にある慣性モーメント I_{xx} は，定義に従うと

$$\begin{aligned}
I_{xx} &= \int_{-a/2}^{a/2} \int_{-b/2}^{b/2} \int_{-c/2}^{c/2} \rho \left(y^2 + z^2 \right) \mathrm{d}z\, \mathrm{d}y\, \mathrm{d}x \\
&= \rho \int_{-a/2}^{a/2} \int_{-b/2}^{b/2} y^2 c + \frac{c^3}{12} \mathrm{d}y\, \mathrm{d}x = \rho \int_{-a/2}^{a/2} \frac{b^3 c}{12} + \frac{bc^3}{12} \mathrm{d}x \\
&= \rho \frac{ab^3 c + abc^3}{12} = \frac{b^2 + c^2}{12} m
\end{aligned} \tag{8.105}$$

となる。ここで，m は剛体の全質量であり，密度と体積から $m = \rho abc$ である。他の慣性モーメント I_{yy}, I_{zz} についても同様に考えると

$$I_{yy} = \int_V \rho \left(z^2 + x^2 \right) \mathrm{d}V = \frac{c^2 + a^2}{12} m \tag{8.106}$$

$$I_{zz} = \int_V \rho \left(x^2 + y^2 \right) \mathrm{d}V = \frac{a^2 + b^2}{12} m \tag{8.107}$$

である。一方，非対角項の慣性乗積であるが，例えば I_{xy} は

$$I_{xy} = -\int_{-a/2}^{a/2} \int_{-b/2}^{b/2} \int_{-c/2}^{c/2} \rho xy\, \mathrm{d}z\, \mathrm{d}y\, \mathrm{d}x$$

$$= \rho \int_{-a/2}^{a/2} \int_{-b/2}^{b/2} xyc \, dy \, dx = \rho \int_{-a/2}^{a/2} 0 \, d = 0 \tag{8.108}$$

と，ゼロになる．他の非対角項も同様にすべてゼロになるため，けっきょく，一様な密度の直方体の剛体の慣性モーメントテンソルの成分を行列表示すると，対角行列となり，x-y-z 座標系は慣性主軸であることがわかる．

ここで，図 8.3 のように z 軸まわりに θ だけ回転させた x'-y'-z' 座標系における慣性モーメントテンソルの成分がどうなるかを考えてみよう．z 軸と z' 軸は同じ，すなわち $\boldsymbol{e}_z = \boldsymbol{e}_{z'}$ なので，式 (1.38) の座標変換行列は

$$\boldsymbol{T} = \begin{bmatrix} \cos\theta & -\sin\theta & 0 \\ \sin\theta & \cos\theta & 0 \\ 0 & 0 & 1 \end{bmatrix} \tag{8.109}$$

である．したがって，式 (8.78) より x'-y'-z' 座標系における慣性モーメントテンソルの成分は

$$\begin{bmatrix} I_{xx}\cos^2\theta + I_{yy}\sin^2\theta & -(I_{xx}-I_{yy})\sin\theta\cos\theta & 0 \\ -(I_{xx}-I_{yy})\sin\theta\cos\theta & I_{xx}\sin^2\theta + I_{yy}\cos^2\theta & 0 \\ 0 & 0 & I_{zz} \end{bmatrix} \tag{8.110}$$

となる．ここで，慣性乗積 $I_{x'y'} = I_{y'x'} = -(I_{xx}-I_{yy})\sin\theta\cos\theta$ は $\sin\theta\cos\theta = 0$ すなわち $\theta = j\pi$（j は任意の整数）のときゼロになり，そのときの座標系が慣性主軸となる．また，$a = b$ のとき $I_{xx} = I_{yy}$ となるが，このとき慣性乗積はつねに $I_{x'y'} = I_{y'x'} = 0$ となり，慣性モーメント I_{xx} も θ によらず一定となる．ここでは z 軸と z' 軸が同じである場合のみを考えたが，$a = b = c$ のとき，すなわち $I_{xx} = I_{yy} = I_{zz}$ のとき，慣性モーメントテンソルの成分は座標系によらず一定になり，慣性乗積もつねにゼロになる．

〔2〕球　　図 8.4 に示すような，半径 r_0 の球に密度 ρ で質量が一様に分布している剛体を考えよう．まず，対角項にある慣性モーメント I_{xx} だが，定義に従うと

$$I_{xx} = \int_V \rho \left(y^2 + z^2 \right) dV \tag{8.111}$$

8.3 剛体の回転運動

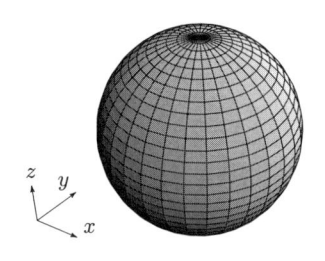

図 8.4 球状の剛体

である。ここで，中心が原点にある球において x を固定すると，その断面は y-z 平面内における半径 $r_1 = \sqrt{r_0^2 - x^2}$ の円となる。この円に厚さ $\mathrm{d}x$ をかけた円柱の慣性モーメントは 8.2.7 項で求めたので，式 (8.53) を参照すると

$$\begin{aligned}
I_{xx} &= \int_V \rho \left(y^2 + z^2\right) \mathrm{d}V = \int_{-r_0}^{r_0} \int_0^{2\pi} \int_0^{r_1} \rho r^2 \, \mathrm{d}r \, r \, \mathrm{d}\theta \, \mathrm{d}x \\
&= \int_{-r_0}^{r_0} \frac{1}{2} \rho \pi r_1^4 \, \mathrm{d}x = \int_{-r_0}^{r_0} \frac{1}{2} \rho \pi \left(r_0^2 - x^2\right)^2 \mathrm{d}x \\
&= \frac{8}{15} \pi \rho r_0^5 = \frac{2}{5} m r_0^2
\end{aligned} \tag{8.112}$$

となる。ここで，m は剛体の全質量であり，密度と体積から $m = \frac{4}{3} \pi r_0^3$ である。他の慣性モーメント I_{yy}，I_{zz} についても同様に考えると，$I_{xx} = I_{yy} = I_{zz}$ であることがわかる。一方，非対角項の慣性乗積であるが，例えば I_{xy} の定義は

$$I_{xy} = -\int_V \rho xy \, \mathrm{d}V \tag{8.113}$$

である。z を固定して考えると，剛体の断面は x-y 平面における半径 $r_1 = \sqrt{r_0^2 - z^2}$ の円となる。慣性モーメントと同様に，x-y 座標を r-θ 座標に置換して積分すると，$x = r\cos\theta$ および $y = r\sin\theta$ となることに注意すると

$$\begin{aligned}
I_{xy} &= -\int_{-r_0}^{r_0} \int_0^{2\pi} \int_0^{r_1} \rho r^2 \cos\theta \sin\theta \, \mathrm{d}r \, r \, \mathrm{d}\theta \, \mathrm{d}z \\
&= -\int_{-r_0}^{r_0} \int_0^{2\pi} \int_0^{r_1} \frac{1}{2} \rho r^3 \sin 2\theta \, \mathrm{d}r \, \mathrm{d}\theta \, \mathrm{d}z \\
&= \int_{-r_0}^{r_0} \int_0^{r_1} \frac{1}{4} \rho r^3 \left[\cos 2\theta\right]_0^{2\pi} \mathrm{d}r \, \mathrm{d}z = 0
\end{aligned} \tag{8.114}$$

を得る。他の積分乗積についても同様にゼロになることがわかる。けっきょく，一様な密度の球である剛体の慣性モーメントテンソルの成分を行列表示すると，

対角行列となる。さらに，三つの対角成分が同じなので，〔1〕の直方体の3辺の長さが等しいときと同様に，座標系をどのようにとっても慣性モーメントテンソル成分は変わらない。

〔3〕 **回転楕円体と楕円体**　回転楕円体とは，楕円をその長軸または短軸まわりに回転させてできる立体のことである[†]。図 **8.5** (a) に，y-z 平面の原点に中心があり，長軸が y 軸方向に長さ a，短軸が z 軸方向で長さ b であるような楕円を，短軸まわりに回転させた回転楕円体を示す。

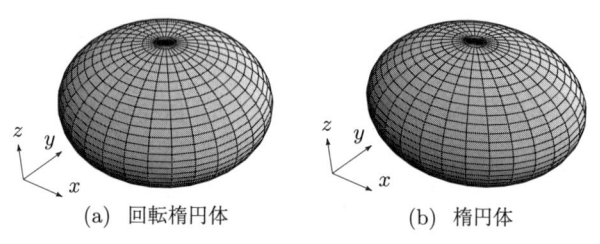

(a) 回転楕円体　　　　　(b) 楕円体

図 **8.5**　楕円体の剛体

この回転楕円体の式は

$$\frac{x^2}{a^2} + \frac{y^2}{a^2} + \frac{z^2}{b^2} \leq 1 \tag{8.115}$$

と表される。回転楕円体の剛体の密度が ρ で一様なら，慣性モーメントは

$$I_{xx} = \int_V \rho \left(y^2 + z^2\right) dV = \frac{4}{15} \pi \rho a^2 b \left(a^2 + b^2\right) = \frac{a^2 + b^2}{5} m \tag{8.116}$$

$$I_{yy} = \int_V \rho \left(z^2 + x^2\right) dV = \frac{4}{15} \pi \rho a^2 b \left(a^2 + b^2\right) = \frac{a^2 + b^2}{5} m \tag{8.117}$$

$$I_{zz} = \int_V \rho \left(x^2 + y^2\right) dV = \frac{8}{15} \pi \rho a^4 b = \frac{2a^2}{5} m \tag{8.118}$$

である。ここで，m は剛体の全質量であり，密度と体積から $m = \frac{4}{3} \pi a^2 b$ である。慣性乗積はすべてゼロになり，x-y-z 座標系は慣性主軸である。この回転

[†] 地球はしばしば回転楕円体としてモデル化される。地球をモデル化した回転楕円体を地球楕円体と呼ぶ。

楕円体は，z 軸を中心にして回転してできた剛体なので，z 軸まわりに回転した他の座標系で考えても，慣性モーメントテンソルの成分は変わらない。これは，〔1〕において，直方体の2辺の長さが等しいときと同じである。〔1〕で見たように，z 軸以外の軸まわりに回転した座標系では慣性モーメントは変化し，慣性乗積もゼロになるとは限らない。また，$a = b$ とすれば，回転楕円体は〔2〕で考えた球になる。

図 8.5 (b) の楕円体は

$$\frac{x^2}{a^2} + \frac{y^2}{b^2} + \frac{z^2}{c^2} \leq 1 \tag{8.119}$$

で定義される，2次元における楕円を3次元に拡張した立体である。先に学んだ球は $a = b = c$，回転楕円体は $a = b$ の特殊な楕円体と考えることもできる。楕円体の剛体の密度が ρ で一様なら，慣性モーメントは

$$I_{xx} = \int_V \rho \left(y^2 + z^2\right) \mathrm{d}V = \frac{4}{15} \pi \rho abc \left(b^2 + c^2\right) = \frac{b^2 + c^2}{5} m \tag{8.120}$$

$$I_{yy} = \int_V \rho \left(z^2 + x^2\right) \mathrm{d}V = \frac{4}{15} \pi \rho abc \left(c^2 + a^2\right) = \frac{c^2 + a^2}{5} m \tag{8.121}$$

$$I_{zz} = \int_V \rho \left(x^2 + y^2\right) \mathrm{d}V = \frac{8}{15} \pi \rho abc \left(a^2 + b^2\right) = \frac{a^2 + b^2}{5} m \tag{8.122}$$

である。ここで，m は剛体の全質量であり，密度と体積から $m = \frac{4}{3} \pi abc$ である。慣性乗積はすべてゼロになり，x-y-z 座標系は慣性主軸である。〔1〕で学んだように，三つの慣性モーメントがすべて異なる場合，x-y-z 座標系から回転した他の座標系では，慣性モーメントは変化し，慣性乗積もゼロになるとは限らない。

8.3.5 歳差運動

身近に体験できる剛体の回転運動として，こまが挙げられる。こまはうまく回すと並進変位せずに回転運動をするが，少し回転の軸が傾くと回転軸自体が

円運動をする。このような運動を**歳差運動**（precession）と呼ぶ。以下では，外力が作用する場合と作用しない場合とで歳差運動について考えてみよう。

〔1〕 **外力が作用する場合**　先に示した回転楕円体や，こまのようになんらかの平面図形をある軸まわりに回転させてできる剛体は，三つのうち二つの主慣性モーメントが等しくなる。ここでは，そのような，慣性主軸座標系で $I_{x'} = I_{y'}$ であり z' 軸まわりに角速度 $\omega_{z'}$ で回転している剛体を考える。このとき，剛体の角運動量 $\boldsymbol{L}$ は

$$\boldsymbol{L} = \boldsymbol{I} \cdot \boldsymbol{\omega} = I_{z'} \omega_{z'} \boldsymbol{e}_{z'} \tag{8.123}$$

であり，z' 軸方向の成分のみを持つ。空間に固定されて動かない座標系を x-y-z 座標系とし，z 軸方向を鉛直方向とする。回転軸が鉛直方向を向いていれば，重力による力のモーメントがゼロになる。もちろん，こまの軸の下端に床から加わる垂直抗力により，力のつり合いも保たれる。ここで，**図 8.6** (a) に示すように回転軸が鉛直方向から少し傾いている場合を考えよう。

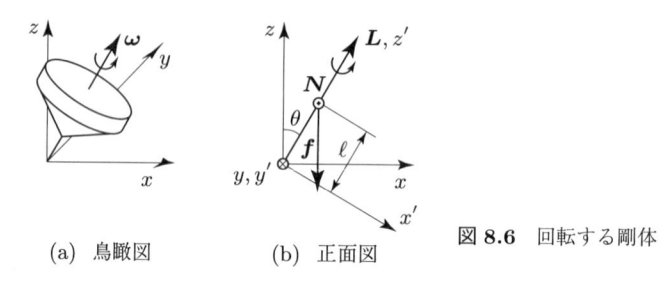

図 8.6　回転する剛体

(a) 鳥瞰図　　(b) 正面図

図 8.6 (b) は，y 軸の正方向から x-z 平面を見た正面図に，こまの角運動量やこまに作用する力とそのモーメントをベクトルとして示したものである。この図に示すように，傾いた剛体の慣性主軸である z' 軸が空間固定の x-z 平面にあり，z' 軸が z 軸に対して時計回りに θ だけ傾いていると仮定する。剛体の質量中心には剛体の質量に比例する重力 $\boldsymbol{f}$ が作用する。剛体の下端から質量中心までの距離を ℓ とすると，重力のモーメント $\boldsymbol{N}$ の大きさは

$$|\boldsymbol{N}| = \ell \sin\theta |\boldsymbol{f}| \tag{8.124}$$

8.3 剛体の回転運動

であり,その向きは y 軸(ここでは y' 軸も同じ)の負の向きである。回転の運動方程式は

$$\frac{d\boldsymbol{L}}{dt} = \boldsymbol{N} \tag{8.125}$$

なので,角運動量 $\boldsymbol{L}$ とその変化率は直交することがわかる。2 章では,等速円運動をする場合,位置ベクトルとその変化率である速度ベクトルが直交することを学んだが,そのことを考慮すると,角運動量ベクトル $\boldsymbol{L}$ は等速円運動をすることがわかる。こまを回したときに,回転の軸が少し傾くと,回転軸がある周期で回転するのはこのためであり,これを**歳差運動**と呼ぶ。

ところで,こまのように回転する物体が倒れないのはなぜだろうか。重力は,こまを倒そうとするモーメントをつねに与え続けるが,回転の軸は円運動をするために,重力のモーメントの方向は変化し続け,重力の力積のモーメントは回転軸が 1 周するとちょうどゼロになる。そのためにこまは倒れないのである。

〔**2**〕 **外力が作用しない場合** 先の例では,重力を受ける回転する剛体の歳差運動について定性的に説明したが,ここでは外力が作用しない場合に限定し,オイラーの運動方程式 (8.93) を用いてもう少し詳しく歳差運動について考えてみよう。ここでも x'-y'-z' 座標系を慣性主軸とし,$I_{x'} = I_{y'}$ とする。すると,オイラーの運動方程式 (8.93) より

$$\left\{\begin{array}{c} N_{x'} \\ N_{y'} \\ N_{z'} \end{array}\right\} = \left\{\begin{array}{c} I_{x'}\dfrac{d\omega_{x'}}{dt} - (I_{y'} - I_{z'})\omega_{y'}\omega_{z'} \\ I_{y'}\dfrac{d\omega_{y'}}{dt} - (I_{z'} - I_{x'})\omega_{z'}\omega_{x'} \\ I_{z'}\dfrac{d\omega_{z'}}{dt} - (I_{x'} - I_{y'})\omega_{x'}\omega_{y'} \end{array}\right\}$$

$$= \left\{\begin{array}{c} I_{x'}\dfrac{d\omega_{x'}}{dt} - (I_{x'} - I_{z'})\omega_{y'}\omega_{z'} \\ I_{x'}\dfrac{d\omega_{y'}}{dt} - (I_{z'} - I_{x'})\omega_{z'}\omega_{x'} \\ I_{z'}\dfrac{d\omega_{z'}}{dt} \end{array}\right\} \tag{8.126}$$

を得る。

ここで，剛体には外力が作用していないとすると，オイラーの運動方程式 (8.126) の最右辺 3 行目より

$$I_{z'} \frac{d\omega_{z'}}{dt} = 0 \tag{8.127}$$

となり，$\omega_{z'}$ は一定となる．さらに，オイラーの運動方程式 (8.126) の最右辺 1，2 行目より

$$I_{x'} \frac{d\omega_{x'}}{dt} = (I_{x'} - I_{z'})\omega_{y'}\omega_{z'} \tag{8.128}$$

$$I_{x'} \frac{d\omega_{y'}}{dt} = (I_{z'} - I_{x'})\omega_{z'}\omega_{x'} \tag{8.129}$$

を得る．式 (8.129) の左辺と右辺を入れ替え，式 (8.128) に辺々かけて整理すると

$$\omega_{x'} \frac{d\omega_{x'}}{dt} + \omega_{y'} \frac{d\omega_{y'}}{dt} = 0 \tag{8.130}$$

を得る．上式の左辺は，角速度ベクトル $\boldsymbol{\omega}$ と角加速度ベクトル $\dfrac{d\boldsymbol{\omega}}{dt}$ の内積であり，それがゼロということは，$\boldsymbol{\omega}$ と $\dfrac{d\boldsymbol{\omega}}{dt}$ が直交していることを意味する．したがって，〔1〕のときと同様に，角速度ベクトル $\boldsymbol{\omega}$ は等速円運動をしていることになる．角速度ベクトルの円運動の半径を ω_p とし，少々ややこしいが角速度ベクトルの円運動の角速度を Ω とすると

$$\omega_{x'} = \omega_\mathrm{p} \cos \Omega t, \quad \omega_{y'} = \omega_\mathrm{p} \sin \Omega t \tag{8.131}$$

とおけるので，上式をオイラーの運動方程式 (8.128) および (8.129) に代入すると，上式がオイラーの運動方程式を満たすことが確認でき，かつ

$$\Omega = \frac{(I_{z'} - I_{x'})}{I_{x'}} \omega_{z'} \tag{8.132}$$

を得る．

以上で見てきたように，回転している剛体の回転の軸が剛体の慣性主軸と一致しない（角速度ベクトルの慣性主軸座標系で表した成分のうち，二つ以上が

ゼロでない）とき，外力が作用していなくても回転の軸が円運動する，すなわち歳差運動が生じる．

演 習 問 題

〔**8.1**〕 半径 r_0，厚さ h，密度 ρ の一様な円盤型の剛体がある．この円盤の質量中心を通り，円盤に垂直な軸を z' 軸とする．z' 軸まわりの慣性モーメントを求めよ．

〔**8.2**〕 〔8.1〕の剛体の z' 軸を水平に固定し，z' 軸まわりにのみ自由に回転ができるようにした．剛体の外周にひもの一端を固定し，ひもを外周に巻き付け，ひもの他端に質量 m の質点を固定した．質点に重力加速度 g が作用するとき，質点の加速度および剛体の角加速度を求めよ．

〔**8.3**〕 図 8.7 に示すように，水平からの角度が θ の斜面上に〔8.1〕の剛体が置かれている．この剛体が滑ることなく斜面上を転がり落ちるとき，剛体と斜面との摩擦係数 μ の最小値と剛体の角加速度を求めよ．

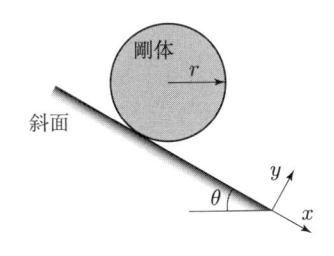

図 **8.7** 斜面に置かれた円盤型の剛体

〔**8.4**〕 〔8.3〕において，剛体の質量中心が斜面に沿う x 軸の正の向きに r だけ変位したときの，剛体に蓄えられる運動エネルギーを求めよ．また，求めた運動エネルギーを，摩擦係数がゼロだったときの運動エネルギーと比較せよ．

〔**8.5**〕 2 次元の問題において，角速度 ω で回転する剛体の回転の運動エネルギー $\frac{1}{2}I\omega^2$ と，剛体を回転させた力のモーメントのなす仕事が等しくなることを確認せよ．

〔**8.6**〕 式 (8.56) に示したベクトル 3 重積の公式

$$\boldsymbol{a} \times (\boldsymbol{b} \times \boldsymbol{c}) = (\boldsymbol{a} \cdot \boldsymbol{c})\boldsymbol{b} - (\boldsymbol{a} \cdot \boldsymbol{b})\boldsymbol{c}$$

を，ベクトルの成分で考えることにより確認せよ．

引用・参考文献

1) ゴールドスタイン, ポール, サーフコ 著, 矢野 忠, 江沢康生, 渕崎員弘 訳：古典力学（上）原著第 3 版, 吉岡書店 (2006)
2) ランダウ, リフシッツ 著, 広重 徹, 水戸 巌 訳：力学（増訂第 3 版）, 東京図書 (1986)
3) 吉田 武：オイラーの贈物—人類の至宝 $e^{i\pi} = -1$ を学ぶ, 東海大学出版会 (2010)
4) 長沼伸一郎：物理数学の直観的方法 第 2 版, 通商産業研究社 (2004)
5) アイザック・ニュートン 著, 中野猿人 訳：プリンシピア—自然哲学の数学的原理, 講談社 (1977)
6) 久田俊明：非線形有限要素法のためのテンソル解析の基礎, 丸善 (2002)

演習問題解答

1章

〔**1.1**〕 つり合い条件は,質点に作用している力の総和がゼロになることから

$$\bm{f}_1 + \bm{f}_2 + \bm{f}_3 = \bm{0}$$

である。$\bm{f}_1$ と $\bm{f}_2$ の成分を代入すると

$$\bm{f}_3 = -(\bm{f}_1 + \bm{f}_2) = -\left\{\begin{array}{c} a \\ b \end{array}\right\} - \left\{\begin{array}{c} c \\ d \end{array}\right\} = \left\{\begin{array}{c} -a-c \\ -b-d \end{array}\right\}$$

を得る。

〔**1.2**〕 ベクトル $\bm{f}_1$ と $\bm{f}_2$ の内積を,それぞれのベクトルを $\bm{e}_x, \bm{e}_y$ で分解した表現を用いて表すと

$$\begin{aligned}\bm{f}_1 \cdot \bm{f}_2 &= (a\bm{e}_x + b\bm{e}_y) \cdot (c\bm{e}_x + d\bm{e}_y) \\ &= ac\,\bm{e}_x \cdot \bm{e}_x + (ad+bc)\,\bm{e}_x \cdot \bm{e}_y + bd\,\bm{e}_y \cdot \bm{e}_y = ac + bd\end{aligned} \quad (1)$$

を得る。ただし,$\bm{e}_x \cdot \bm{e}_x = \bm{e}_y \cdot \bm{e}_y = 1$ および $\bm{e}_x \cdot \bm{e}_y = \bm{e}_y \cdot \bm{e}_x = 0$ を用いた。

〔**1.3**〕 まず,図 1.1 (b) の並列ばねについて考える。二つのばねの伸び δ_1, δ_2 は等しく,ともに質点の位置 y に等しい。したがって,フックの法則より,ばね 1, 2 に生じる力 f_{s1}, f_{s2} は,二つのばねのコンプライアンス c_1, c_2 により

$$f_{s1} = \frac{y}{c_1}, \quad f_{s2} = \frac{y}{c_2} \quad (2)$$

と表される。質点は二つのばねから力を受けるので,合成ばねに生じる力 f_c は二つのばねに生じる力の和として

$$f_c = f_{s1} + f_{s2} \quad (3)$$

と表せる。上式に式 (2) を代入し,合成ばねの伸び δ_c が二つのばねの伸び,すなわち $\delta_1 = \delta_2 = y$ に等しいことを考慮すると

$$f_c = \frac{y}{c_1} + \frac{y}{c_2} \quad \Rightarrow \quad \left(\frac{1}{c_1} + \frac{1}{c_2}\right)^{-1} f_c = \delta_c \quad (4)$$

を得る。以上から,合成ばねのコンプライアンス c_c は

$$c_c = \left(\frac{1}{c_1} + \frac{1}{c_2}\right)^{-1} \quad (5)$$

となり，二つのばねのコンプライアンスの逆数の和の逆数となっていることがわかる。

つぎに，図 1.1 (c) の直列ばねについて考える。質点およびばねの接続点における力のつり合いより，ばね 1, 2 に生じる力 f_{s1}, f_{s2} は，$f_{s1} = f_{s2} = mg$ となる。また，ばね 1, 2 の伸び δ_1, δ_2 は，それぞればねの接続点および質点の位置 y_1, y_2 により，$\delta_1 = y_1, \delta_2 = y_2 - y_1$ と表される。以上から，ばね 1, 2 について

$$\delta_1 = y_1 = c_1 f_{s1} = c_1 mg, \quad \delta_2 = y_2 - y_1 = c_2 f_{s2} = c_2 mg \tag{6}$$

を得る。これらの式を辺々足すことにより

$$y_2 = (c_1 + c_2) mg \tag{7}$$

を得る。よって，ばね 1 およびばね 2 からなる直列ばねの合成コンプライアンス c_c は，$c_c = c_1 + c_2$ と二つのばねのコンプライアンスの和となる。

以上から，合成コンプライアンスは，並列の場合は逆数の和の逆数，直列の場合は単純な和となる。これは，合成ばね定数が，並列の場合は単純な和，直列の場合は逆数の和の逆数となるのと，ちょうど逆の関係になっている。

〔**1.4**〕 ベクトル $\boldsymbol{f}_1$ と $\boldsymbol{f}_2$ を正規直交基底ベクトル $\boldsymbol{e}_{x'}, \boldsymbol{e}_{y'}$ により分解した成分をそれぞれ

$$\boldsymbol{f}_1 = a' \boldsymbol{e}_{x'} + b' \boldsymbol{e}_{y'}, \quad \boldsymbol{f}_2 = c' \boldsymbol{e}_{x'} + d' \boldsymbol{e}_{y'} \tag{8}$$

とすると，それぞれの成分は座標変換行列を用いて

$$\left\{ \begin{array}{c} a' \\ b' \end{array} \right\} = \left[\begin{array}{cc} \cos\theta & \sin\theta \\ -\sin\theta & \cos\theta \end{array} \right] \left\{ \begin{array}{c} a \\ b \end{array} \right\} \tag{9}$$

$$\left\{ \begin{array}{c} c' \\ d' \end{array} \right\} = \left[\begin{array}{cc} \cos\theta & \sin\theta \\ -\sin\theta & \cos\theta \end{array} \right] \left\{ \begin{array}{c} c \\ d \end{array} \right\} \tag{10}$$

と関係付けられる。$\boldsymbol{e}_{x'}, \boldsymbol{e}_{y'}$ の成分で表したベクトル $\boldsymbol{f}_1, \boldsymbol{f}_2$ の内積に上式を代入すると

$$\begin{aligned}
\boldsymbol{f}_1 \cdot \boldsymbol{f}_2 &= a'c' + b'd' \\
&= (a\cos\theta + b\sin\theta)(c\cos\theta + d\sin\theta) \\
&\quad + (-a\sin\theta + b\cos\theta)(-c\sin\theta + d\cos\theta) \\
&= ac\cos^2\theta + (ad+bc)\cos\theta\sin\theta + bd\sin^2\theta \\
&\quad + ac\sin^2\theta - (ad+bc)\cos\theta\sin\theta + bd\cos^2\theta \\
&= ac + bd
\end{aligned} \tag{11}$$

を得る.ただし,$\sin^2\theta + \cos^2\theta = 1$ を用いた.以上から,内積は,成分で表しても用いた座標系に依存しないことが確認された.

〔**1.5**〕 式 (1.29) にあるように,ベクトル $\boldsymbol{f}$ を正規直交基底ベクトル $\boldsymbol{e}_x, \boldsymbol{e}_y, \boldsymbol{e}_z$ により分解すると

$$\boldsymbol{f} = f_x \boldsymbol{e}_x + f_y \boldsymbol{e}_y + f_z \boldsymbol{e}_z \tag{12}$$

と表せる.このベクトル $\boldsymbol{f}$ と正規直交基底ベクトル $\boldsymbol{e}_x$ との内積をとると

$$\boldsymbol{f} \cdot \boldsymbol{e}_x = f_x \boldsymbol{e}_x \cdot \boldsymbol{e}_x + f_y \boldsymbol{e}_y \cdot \boldsymbol{e}_x + f_z \boldsymbol{e}_z \cdot \boldsymbol{e}_x \tag{13}$$

となる.ここで,$\boldsymbol{e}_x, \boldsymbol{e}_y, \boldsymbol{e}_z$ はたがいに直交しており,かつ大きさは単位なので

$$\boldsymbol{e}_x \cdot \boldsymbol{e}_x = 1, \quad \boldsymbol{e}_y \cdot \boldsymbol{e}_x = \boldsymbol{e}_z \cdot \boldsymbol{e}_x = 0 \tag{14}$$

である.この関係を式 (13) に代入すると

$$\boldsymbol{f} \cdot \boldsymbol{e}_x = f_x \tag{15}$$

を得る.同様に

$$\boldsymbol{f} \cdot \boldsymbol{e}_y = f_x \boldsymbol{e}_x \cdot \boldsymbol{e}_y + f_y \boldsymbol{e}_y \cdot \boldsymbol{e}_y + f_z \boldsymbol{e}_z \cdot \boldsymbol{e}_y = f_y \tag{16}$$

$$\boldsymbol{f} \cdot \boldsymbol{e}_z = f_x \boldsymbol{e}_x \cdot \boldsymbol{e}_z + f_y \boldsymbol{e}_y \cdot \boldsymbol{e}_z + f_z \boldsymbol{e}_z \cdot \boldsymbol{e}_z = f_z \tag{17}$$

を得る.

〔**1.6**〕 まず,2 次元では,式 (1.40) より

$$\begin{aligned}\boldsymbol{T}\boldsymbol{T}^{\mathrm{T}} &= \begin{bmatrix} \cos\theta & -\sin\theta \\ \sin\theta & \cos\theta \end{bmatrix} \begin{bmatrix} \cos\theta & \sin\theta \\ -\sin\theta & \cos\theta \end{bmatrix} \\ &= \begin{bmatrix} \cos^2\theta + \sin^2\theta & 0 \\ 0 & \cos^2\theta + \sin^2\theta \end{bmatrix} = \begin{bmatrix} 1 & 0 \\ 0 & 1 \end{bmatrix}\end{aligned} \tag{18}$$

を得る.よって,座標変換行列 $\boldsymbol{T}$ が直交行列であることが確認された.

つぎに,3 次元では式 (1.38) より

$$\boldsymbol{T}\boldsymbol{T}^{\mathrm{T}} = \begin{bmatrix} \boldsymbol{e}_x \cdot \boldsymbol{e}_{x'} & \boldsymbol{e}_x \cdot \boldsymbol{e}_{y'} & \boldsymbol{e}_x \cdot \boldsymbol{e}_{z'} \\ \boldsymbol{e}_y \cdot \boldsymbol{e}_{x'} & \boldsymbol{e}_y \cdot \boldsymbol{e}_{y'} & \boldsymbol{e}_y \cdot \boldsymbol{e}_{z'} \\ \boldsymbol{e}_z \cdot \boldsymbol{e}_{x'} & \boldsymbol{e}_z \cdot \boldsymbol{e}_{y'} & \boldsymbol{e}_z \cdot \boldsymbol{e}_{z'} \end{bmatrix} \begin{bmatrix} \boldsymbol{e}_x \cdot \boldsymbol{e}_{x'} & \boldsymbol{e}_y \cdot \boldsymbol{e}_{x'} & \boldsymbol{e}_z \cdot \boldsymbol{e}_{x'} \\ \boldsymbol{e}_x \cdot \boldsymbol{e}_{y'} & \boldsymbol{e}_y \cdot \boldsymbol{e}_{y'} & \boldsymbol{e}_z \cdot \boldsymbol{e}_{y'} \\ \boldsymbol{e}_x \cdot \boldsymbol{e}_{z'} & \boldsymbol{e}_y \cdot \boldsymbol{e}_{z'} & \boldsymbol{e}_z \cdot \boldsymbol{e}_{z'} \end{bmatrix} \tag{19}$$

である.式が長いので,成分ごとに見ていくことにする.まず,(1,1) 成分は

$$\left(\boldsymbol{T}\boldsymbol{T}^{\mathrm{T}}\right)_{1,1} = (\boldsymbol{e}_x \cdot \boldsymbol{e}_{x'})^2 + (\boldsymbol{e}_x \cdot \boldsymbol{e}_{y'})^2 + (\boldsymbol{e}_x \cdot \boldsymbol{e}_{z'})^2 \tag{20}$$

となる．上式右辺において，第1項から第3項はそれぞれ基底ベクトル $\boldsymbol{e}_x$ を正規直交基底ベクトル $\boldsymbol{e}_{x'}, \boldsymbol{e}_{y'}, \boldsymbol{e}_{z'}$ により分解した成分の2乗になっており，上式右辺は $\boldsymbol{e}_x$ の大きさそのものである．$\boldsymbol{e}_x$ は正規直交基底ベクトルの一つであるから，大きさは1となり

$$\left(\boldsymbol{T}\boldsymbol{T}^{\mathrm{T}}\right)_{1,1} = 1 \tag{21}$$

を得る．他の対角の $(2,2)$ および $(3,3)$ 成分も同様に1となる．つぎに，非対角の $(1,2)$ 成分は

$$\left(\boldsymbol{T}\boldsymbol{T}^{\mathrm{T}}\right)_{1,2} = (\boldsymbol{e}_x \cdot \boldsymbol{e}_{x'})(\boldsymbol{e}_y \cdot \boldsymbol{e}_{x'}) + (\boldsymbol{e}_x \cdot \boldsymbol{e}_{y'})(\boldsymbol{e}_y \cdot \boldsymbol{e}_{y'}) \\ + (\boldsymbol{e}_x \cdot \boldsymbol{e}_{z'})(\boldsymbol{e}_y \cdot \boldsymbol{e}_{z'}) \tag{22}$$

となる．上式右辺は，正規直交基底ベクトル $\boldsymbol{e}_x$ と $\boldsymbol{e}_y$ の内積を，それぞれ正規直交基底ベクトル $\boldsymbol{e}_{x'}, \boldsymbol{e}_{y'}, \boldsymbol{e}_{z'}$ の成分で分解した成分で表した式になっている．よって

$$\left(\boldsymbol{T}\boldsymbol{T}^{\mathrm{T}}\right)_{1,2} = \boldsymbol{e}_x \cdot \boldsymbol{e}_y = 0 \tag{23}$$

となり，ゼロであることが確認された．このことを踏まえると，3次元の座標変換行列 $\boldsymbol{T}$ の各行は，それぞれ $\boldsymbol{e}_x, \boldsymbol{e}_y, \boldsymbol{e}_z$ を正規直交基底ベクトル $\boldsymbol{e}_{x'}, \boldsymbol{e}_{y'}, \boldsymbol{e}_{z'}$ の成分で表した行ベクトルになっていることに気づく．したがって，$\boldsymbol{T}\boldsymbol{T}^{\mathrm{T}}$ の (i,j) 成分 $(i,j = x,y,z)$ は，式 (1.34) より

$$\left(\boldsymbol{T}\boldsymbol{T}^{\mathrm{T}}\right)_{i,j} = \boldsymbol{e}_i \cdot \boldsymbol{e}_j = \delta_{ij} = \begin{cases} 1 & (i=j) \\ 0 & (i \neq j) \end{cases} \tag{24}$$

となる．以上から $\boldsymbol{T}\boldsymbol{T}^{\mathrm{T}}$ が単位行列となり，$\boldsymbol{T}$ が直交行列であることが確認された．

〔**1.7**〕 与えられた式 (1.41) の最右辺を書き下すと

$$\begin{aligned}
&\boldsymbol{T}(\theta_2)\boldsymbol{T}(\theta_1) \\
&= \begin{bmatrix} \cos\theta_2 & -\sin\theta_2 \\ \sin\theta_2 & \cos\theta_2 \end{bmatrix} \begin{bmatrix} \cos\theta_1 & -\sin\theta_1 \\ \sin\theta_1 & \cos\theta_1 \end{bmatrix} \\
&= \begin{bmatrix} \cos\theta_2\cos\theta_1 - \sin\theta_2\sin\theta_1 & -\cos\theta_2\sin\theta_1 - \sin\theta_2\cos\theta_1 \\ \sin\theta_2\cos\theta_1 + \cos\theta_2\sin\theta_1 & -\sin\theta_2\sin\theta_1 + \cos\theta_2\cos\theta_1 \end{bmatrix} \\
&= \begin{bmatrix} \cos(\theta_1+\theta_2) & -\sin(\theta_1+\theta_2) \\ \sin(\theta_1+\theta_2) & \cos(\theta_1+\theta_2) \end{bmatrix}
\end{aligned} \tag{25}$$

となり，上式最右辺は式 (1.41) の左辺 $\boldsymbol{T}(\theta)$ と一致することが確認できる．

2 章

〔**2.1**〕 与えられた変位の式の第 1 項および第 2 項は，それぞれ変位と同じ次元（長さ）を持つので

$$[長さ] = (c_2 \text{ の次元})[時間]^2 \Rightarrow (c_2 \text{ の次元}) = \frac{[長さ]}{[時間]^2} \quad (1)$$

$$[長さ] = (c_3 \text{ の次元})[時間]^3 \Rightarrow (c_3 \text{ の次元}) = \frac{[長さ]}{[時間]^3} \quad (2)$$

となる。

〔**2.2**〕 与えられた位置の式を微分することにより，速度および加速度はそれぞれ

$$v = \frac{dx}{dt} = 60c_1 - 32c_2 t + 3c_3 t^2 \quad (3)$$

$$a = \frac{d^2 x}{dt^2} = -32c_2 + 6c_3 t \quad (4)$$

となる。これらを図示すると**解図 2.1** となる。v がゼロになるところで x が極値をとり，a がゼロになるところで v が極値をとることに注意しよう。また，便宜的に x, v, a を一つの図に表しているが，たがいに次元が異なることに注意しよう。

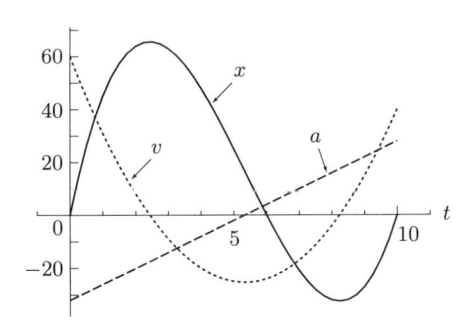

解図 2.1 〔2.2〕の解答

〔**2.3**〕 速度ベクトルの定義 (2.2) より，速度ベクトルの時刻 0 から t までの積分は

$$\int_0^t \boldsymbol{v}\, dt = \int_0^t \frac{d\boldsymbol{x}}{dt}\, dt = [\boldsymbol{x}]_0^t = \boldsymbol{x}(t) - \boldsymbol{x}(0) = \boldsymbol{x}(t) - \boldsymbol{X} = \boldsymbol{u} \quad (5)$$

となり，変位ベクトルとなることが確認される。

〔**2.4**〕 等速直線運動の場合，速度は一定なので，ホドグラフは点になる。等速円運動の場合のホドグラフは，**解図 2.2** (a) に示すとおり，原点を中心とし，半径を円運動の速さとする円になる。放物運動の場合のホドグラフは，解図 2.2 (b) に示すとおり，重力の作用する向きの直線になる。

(a) 等速円運動　　　(b) 放物運動

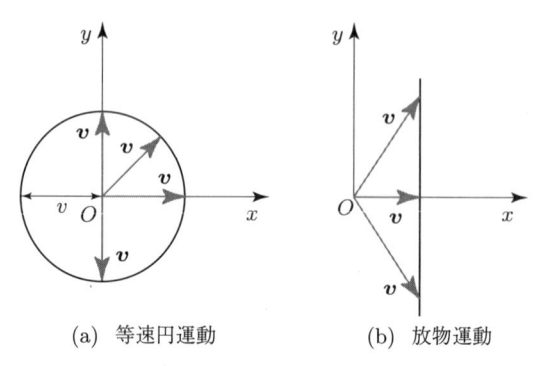

解図 2.2 〔2.4〕の解答

〔**2.5**〕 運動方程式

$$m\boldsymbol{a} = \boldsymbol{f}_1 + \boldsymbol{f}_2 \tag{6}$$

より，加速度は

$$\boldsymbol{a} = \frac{\boldsymbol{f}_1 + \boldsymbol{f}_2}{m} \tag{7}$$

となる。

〔**2.6**〕 式 (7) に与えられた値を代入すると，加速度は

$$\boldsymbol{a} = \frac{1}{10\,\mathrm{kg}} \left\{ \begin{array}{c} 10-20 \\ 20+0 \\ 30-20 \end{array} \right\} [\mathrm{N}] = \left\{ \begin{array}{c} -1 \\ 2 \\ 1 \end{array} \right\} [\mathrm{m/s^2}] \tag{8}$$

と得られる。また，質量が 10 倍になると，式 (7) より，加速度は $\dfrac{1}{10}$ 倍になる。

〔**2.7**〕 ばねに固定された質点が単振動する場合，質点には位置と逆向きの力がばねから作用する。したがって，最もばねが伸びたときに，伸びた方向と逆向きに最大の力が作用する。また，単振動の中心では，ばねの伸びがゼロになり，作用する力もゼロになる。一方，x-y 平面上で等速円運動をする質点の場合，質点に作用する向心力の大きさは一定で，つねに質点の位置と逆向きに作用する。図 2.6 (b) のように，y 方向成分のみに着目すると，y 方向の位置が最大になったときに，大きさ一定の向心力の y 方向成分が最大になり，位置と逆向きに作用する。$y = 0$ のときは，向心力の y 方向成分がゼロになる。以上に述べたように，ばねに固定された質点と等速円運動する質点では，質点の位置と作用する力の関係が共通している。

〔**2.8**〕 棒の角変位 θ を鉛直下向きに対して反時計回りに正とする。質点に作用する重力を棒の軸方向と軸直角方向に分解すると，軸直角方向の力 f は

$$f = -mg\sin\theta \simeq -mg\theta \tag{9}$$

と表せる。ここで，f は θ の正の向きを正とし，θ が十分に小さいとき $\sin\theta \simeq \theta$ となることを用いた。また，質点の軸直角方向の速度 v および加速度 a は

$$v = L\frac{\mathrm{d}\theta}{\mathrm{d}t}, \quad a = L\frac{\mathrm{d}^2\theta}{\mathrm{d}t^2} \tag{10}$$

となる。以上から，軸直角方向の運動方程式は

$$mL\frac{\mathrm{d}^2\theta}{\mathrm{d}t^2} = -mg\theta \tag{11}$$

となる。ここで，$\theta \mapsto x$，$\dfrac{mg}{L} \mapsto k$ とすると，上式は式 (2.35) に示されたばね質点系の運動方程式とまったく同じである。したがって，この振り子は単振動することがわかる。また，その周期は式 (2.39) および式 (2.46) より

$$T = \frac{2\pi}{\omega} = 2\pi\sqrt{\frac{m}{k}} = 2\pi\sqrt{\frac{L}{g}} \tag{12}$$

となる。

〔**2.9**〕 式 (2.72) の右辺の分子分母をともに m_1 で割ると

$$x_\mathrm{g} = \frac{m_1 x_1 + m_2 x_2}{m} = \frac{x_1 + (m_2/m_1)x_2}{1 + m_2/m_1} \tag{13}$$

を得る。上式のように，質量中心は質量そのものではなく，質量比によって決定される。

〔**2.10**〕 式 (2.78) より，換算質量の m_1 に対する比は

$$\frac{m'}{m_1} = \left(1 + \frac{m_1}{m_2}\right)^{-1} \tag{14}$$

となる。これをグラフに表すと**解図 2.3** となる。図から m_2/m_1 がゼロのときは換算質量の比 m'/m_1 はゼロであり，m_2/m_1 が大きくなると m'/m_1 は 1 に漸近することがわかる。なお，図中の破線は傾き 1 の直線であり，m_2/m_1 が小さいうちは，m'/m_1 を示す曲線が直線に沿っていることから，m'/m_1 は m_2/m_1 にほぼ等しい。

解図 2.3 〔2.10〕の解答

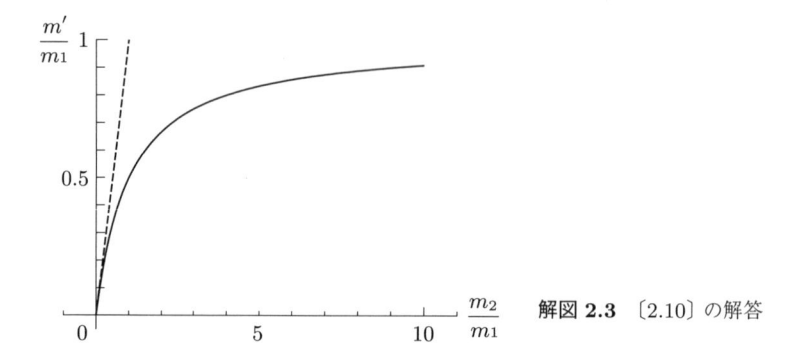

3 章

〔**3.1**〕 高さ h から自由落下する質点が床に到達するまでに要する時間 t_1 は

$$\frac{1}{2} g t_1^2 = h \tag{1}$$

より

$$t_1 = \sqrt{\frac{2h}{g}} \tag{2}$$

である。列車内の観測者の座標系である x'-y' 座標系で質点の運動を記述する。質点の水平方向の位置を x',速度を v',加速度を a',質量を m とし,加速する x'-y' 座標系で働く慣性力を考慮すると,質点の水平方向の運動方程式は

$$ma' = -ma_1 \tag{3}$$

と表され,$a' = -a_1$ を得る。よって,質点が床に衝突する点の位置 x',すなわち時間 t_1 における移動距離は

$$x' = \frac{1}{2} a' t_1^2 = -\frac{2ha_1}{g} \tag{4}$$

となる。

〔**3.2**〕 式 (3.48) より,自転の角速度を ω とすると,回転中心からの距離 r にある質量 m の質点に作用する遠心力の大きさは $m\omega^2 r$ に等しい。よって,遠心力による加速度の大きさは

$$\omega^2 r = \frac{(2\pi)^2}{(24 \times 60 \times 60)^2} \frac{4.0 \times 10^7}{2\pi} = 3.37 \times 10^{-2} \, [\mathrm{m/s^2}] \tag{5}$$

となる。この加速度の大きさは,重力加速度の大きさの約 0.3 % と非常に小さい。

〔**3.3**〕 〔3.2〕と同様に考え，遠心力による加速度の大きさは

$$\omega^2 r = \frac{(2\pi)^2}{(365 \times 24 \times 60 \times 60)^2} \times 1.5 \times 10^{11} = 5.95 \times 10^{-3} \,[\mathrm{m/s^2}] \quad (6)$$

となる。この加速度の大きさは，自転による加速度の約 5 分の 1 と小さい。

〔**3.4**〕 式 (3.50) より，自転の角速度を ω とすると，速さ v で移動している質量 m の質点に作用するコリオリの力の大きさは $2m\omega v$ に等しい。よって，コリオリの力による加速度の大きさは

$$2\omega v = 2 \times \frac{2\pi}{24 \times 60 \times 60} \times \frac{900 \times 10^3}{60 \times 60} = 3.64 \times 10^{-2} \,[\mathrm{m/s^2}] \quad (7)$$

となる。

〔**3.5**〕 慣性力は質量と加速度の積なので，慣性力の次元は

$$(\text{慣性力}) = [\text{質量}] \cdot \frac{(\text{変位})}{[\text{時間}]^2} = \frac{[\text{質量}] \cdot [\text{長さ}]}{[\text{時間}]^2}$$

となる。遠心力の大きさは，式 (3.48) より $m\omega^2 r$ に等しい。したがって，遠心力の次元は

$$(\text{遠心力}) = [\text{質量}] \cdot \frac{1}{[\text{時間}]^2} \cdot (\text{位置}) = \frac{[\text{質量}] \cdot [\text{長さ}]}{[\text{時間}]^2}$$

となる。コリオリの力の大きさは，式 (3.50) より $2m\omega v$ に等しい。よって，コリオリの力の次元は

$$(\text{コリオリの力}) = [\text{質量}] \cdot \frac{1}{[\text{時間}]} \cdot \frac{(\text{変位})}{[\text{時間}]} = \frac{[\text{質量}] \cdot [\text{長さ}]}{[\text{時間}]^2}$$

となる。以上から，慣性力，遠心力，コリオリの力の次元はいずれも力の次元であることが確認された。

4 章

〔**4.1**〕 初め，質点を正の向きに加速させるために正の力を作用させたとする。正の向きに速度を持った質点を x_0 の位置に静止させるためには，負の向きに力を作用させる必要がある。最終的に質点が静止するためには，最初に作用させた正の向きの力と，あとに作用させた負の向きの力による仕事の大きさは，同じでなくてはならない。したがって，力 f による仕事はゼロとなる。

〔**4.2**〕 質点が斜面に沿って ℓ だけ動いたとき，鉛直方向には $\ell \sin\theta$ だけ下に変位したことになる。よって，重力が質点になした仕事 W_g は

$$W_\mathrm{g} = mg\ell \sin\theta \quad (1)$$

である。垂直抗力は斜面に垂直であり，質点は斜面に沿って，すなわち平行に変位したので，垂直抗力ベクトルと質点の変位ベクトルは直交している。したがって，両ベクトルの内積はゼロであり，垂直抗力のなした仕事はゼロである。

〔**4.3**〕 質点 1, 3 の鉛直方向の運動は同一である。質点 1 の鉛直方向の運動方程式は，下向きを正として

$$m\frac{dv_1}{dt} = mg \tag{2}$$

となる。時刻ゼロで $v_1 = -v_0$ なので，時刻 t での速度は

$$v_1(t) = -v_0 + gt \tag{3}$$

である。質点 2 の時刻ゼロにおける速度の鉛直方向成分は $v_0 \sin\theta$ である。よって，質点 2 の時刻 t における速度は

$$v_2(t) = -v_0 \sin\theta + gt \tag{4}$$

である。質点 2, 3 の速度の水平方向成分はそれぞれ

$$v_{2x} = v_0 \cos\theta, \quad v_{3x} = v_0 \tan^{-1}\theta \tag{5}$$

となる。以上から，質点 i の時刻 t における運動エネルギー K_i は

$$K_1(t) = \frac{m}{2}(v_0 - gt)^2 \tag{6}$$

$$K_2(t) = \frac{m}{2}\left\{(v_0 - gt)^2 + (v_0 \tan^{-1}\theta)^2\right\} \tag{7}$$

$$K_3(t) = \frac{m}{2}\left\{(v_0 \sin\theta - gt)^2 + (v_0 \cos\theta)^2\right\} \tag{8}$$

となる。

この問題では，例えば質点の質量の値は与えられておらず，運動エネルギーは質量に比例するため，質量が倍になれば，運動エネルギーは倍になる。しかし，どのような質量の質点を用いたとしても，生じる現象は本質的には変わらない。運動エネルギーを質量 m で割ることによって，異なる質量 m を持つ質点の運動エネルギーを統一的に記述することができる。同様に，運動エネルギーは質点の速度の 2 乗にも比例するため，運動エネルギーを速度の 2 乗で割ると見通しが良さそうである。けっきょく，運動エネルギーを質量と速度の 2 乗で割ることにより，次元を持たない無次元量を定義することができる。このような操作を **無次元化**（nondimensionalization）と呼ぶ。無次元化するための質量や速度はなにを用いてもよく，無次元化の方法は一意に決まらない。

解図 4.1 に式 (6), (7), (8) でそれぞれ表される質点 1, 2, 3 の無次元化した運動エ

[図: 質点1, 質点2, 質点3 の無次元化運動エネルギー $\frac{2}{mv_0^2}K$ と無次元化時刻 $\frac{g}{v_0}t$ の関係のグラフ]

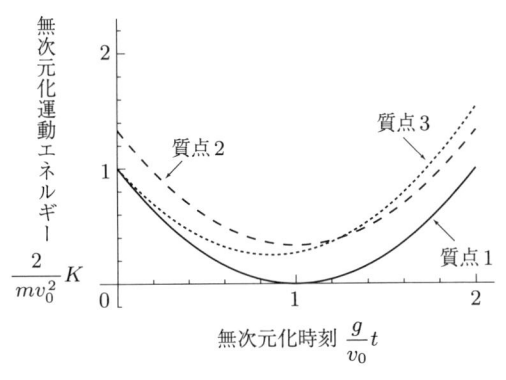

解図 4.1 〔4.3〕の解答

ネルギーと無次元化した時刻の関係を示す。解図 4.1 では，運動エネルギーに $\frac{2}{mv_0^2}$ をかけているが，これは運動エネルギーを時刻ゼロにおける質点 1 の運動エネルギーで割っていることになり，それに対する相対的な大きさを見ていることになる。一方，時刻に関しては $\frac{g}{v_0}$ をかけているが，これは質点 1 が頂点に達し速度がゼロになる時刻を基準としている。質点を投げ上げる仰角によって時刻と運動エネルギーの関係は異なってくるので，問題に与えられた $\frac{\pi}{3}$ 以外の角度でも同様の図を描いてみるとよい。

〔**4.4**〕 時刻ゼロにおけるばね質点系に蓄えられているエネルギーは，質点の運動エネルギーのみで $\frac{1}{2}mv_0^2$ である。エネルギー保存則より，ばね質点系のエネルギーは変化しないことから

$$\frac{1}{2}mv^2 + \frac{1}{2}kx^2 = \frac{1}{2}mv_0^2 \tag{9}$$

が成り立つ。よって，任意の時刻の質点の速度は

$$v = \sqrt{v_0^2 - \frac{k}{m}x^2} \tag{10}$$

となる。質点の変位が最大になるとき，$\frac{dx}{dt} = v = 0$ となるので

$$x_{\max} = v_0\sqrt{\frac{m}{k}} \tag{11}$$

を得る。

〔**4.5**〕 4 章では，運動エネルギーを，速さ v の状態にするまでに力がなした仕事 W として定義した。一方で，速さ v の質点が静止するまでに外部になす仕事は先の W と同じであり，これを運動エネルギーといってもよいだろう。つまり，運動エネ

ギーとは，速さゼロという基準点までに質点がなすであろう仕事，という解釈もできる。すなわち，運動エネルギーは，力に対するポテンシャルエネルギーと同じように，ある状態を基準点とした見込みの仕事であり，基準点が変われば運動エネルギーも変化する。このように，エネルギーとは見込みの仕事であって，基準点に依存して変化する。

〔4.6〕 エネルギー保存則を

$$\int_x^0 f\,dx + \frac{1}{2}mv^2 = 定数 \tag{12}$$

と表しておく。上式を時刻 t で微分することを考える。上式右辺の時間微分はゼロである。つぎに上式左辺の時間微分は，合成関数の微分を考慮して

$$\frac{d}{dt}\int_x^0 f\,dx + \frac{d}{dt}\left(\frac{1}{2}mv^2\right) = \frac{dx}{dt}\frac{d}{dx}\int_x^0 f\,dx + \frac{dv}{dt}\frac{d}{dv}\left(\frac{1}{2}mv^2\right)$$
$$= -vf + amv \tag{13}$$

となる。けっきょく，エネルギー保存則 (12) の時間微分は

$$-vf + amv = 0 \tag{14}$$

となり，最終的に運動方程式 $f = ma$ を得る。

5 章

〔5.1〕 力の単位の〔N〕を SI 基本単位として表すと〔N〕=〔kg·m/s^2〕なので，力積の単位は〔N·s〕=〔kg·m/s〕と表すことができ，運動量の単位と等しいことが確認できた。

〔5.2〕 衝突後の質点 1, 2 の速度をそれぞれ v_3, v_4 とする。衝突の前後で運動量は保存されるので

$$mv_1 + Mv_2 = mv_3 + Mv_4 \tag{1}$$

である。また，力学的エネルギーが保存されるので

$$\frac{1}{2}mv_1^2 + \frac{1}{2}Mv_2^2 = \frac{1}{2}mv_3^2 + \frac{1}{2}Mv_4^2 \tag{2}$$

が成り立つ。計算はかなり面倒だが，式 (1) と式 (2) を連立して解くと，$v_3 = v_1$，$v_4 = v_2$ 以外の解として

$$v_3 = \frac{mv_1 + M(2v_2 - v_1)}{m+M}, \quad v_4 = \frac{m(2v_1 - v_2) + Mv_2}{m+M} \tag{3}$$

を得る。

〔**5.3**〕 $M = m$ のときは，式 (3) に $M = m$ を代入すると

$$v_3 = v_2, \quad v_4 = v_1 \tag{4}$$

を得る．すなわち，衝突の前後で二つの質点の速度がちょうど入れ替わる．

M が m に比べて非常に大きいときは，式 (3) の分子分母とも M で割り，$\dfrac{m}{M} \simeq 0$ と近似することによって

$$v_3 = 2v_2 - v_1, \quad v_4 = v_2 \tag{5}$$

を得る．したがって，衝突前における質点 2 の速さが質点 1 の速さの半分で，同じ向きに運動していたとき，すなわち $v_2 = \dfrac{v_1}{2}$ のときは，質点 1 は衝突後に静止する．また，衝突前に質点 2 が静止していたとすると，質点 1 は，衝突後に衝突前と逆向きに同じ速さで運動する．あるいは，衝突前の質点 1, 2 の速度がたがいに逆向きのときは，衝突後の質点 1 の速度は衝突前と向きが逆になり，速さは $2v_2$ だけ増す，すなわち衝突によって加速することがわかる．

〔**5.4**〕 運動量の変化が力積なので，棒が質点に与えた力積 I は

$$I = mv_1 - m(-v_1) = 2mv_1 \tag{6}$$

である．

〔**5.5**〕 力積は力を時間で積分したものである．力 f が衝突の間一定であれば

$$I = f\Delta t \tag{7}$$

である．この関係と式 (6) より

$$f = \frac{I}{\Delta t} = \frac{2mv_1}{\Delta t} \tag{8}$$

を得る．質点が棒と衝突する前後の運動エネルギー K_1, K_2 は，それぞれ

$$K_1 = \frac{1}{2}mv_1^2, \quad K_2 = \frac{1}{2}m(-v_1)^2 \tag{9}$$

である．質点の運動エネルギーの変化分は，棒が質点に及ぼした力の仕事に等しいので，棒の力がなした仕事 W は

$$W = K_2 - K_1 = 0 \tag{10}$$

と，ゼロになる．けっきょく，力の大きさは衝突に要した時間 Δt に反比例するが，力がなした仕事は時間 Δt とは無関係で，ゼロになる．

〔**5.6**〕 台車の速度はゼロであり，n 人目が飛び降りた直後の台車の速度を v_n とする．まず 1 人目が飛び降りる前後の運動量が保存されることから

$$0 = 3mv_1 + mv_0 \quad \Rightarrow \quad v_1 = -\frac{v_0}{3} \tag{11}$$

を得る．2 人目以降が飛び降りる際の速度は，台車に対する相対的な速度であることに注意し，2 人目が飛び降りる前後の運動量が保存されることから

$$3mv_1 = 2mv_2 + m(v_1 + v_0) \quad \Rightarrow \quad v_2 = v_1 - \frac{v_0}{2} = -\frac{5}{6}v_0 \tag{12}$$

を得る．同様に，3 人目が飛び降りる前後の運動量が保存されることから

$$2mv_2 = mv_3 + m(v_2 + v_0) \quad \Rightarrow \quad v_3 = v_2 - v_0 = -\frac{11}{6}v_0 \tag{13}$$

を得る．1 人飛び降りるたびに台車上の質量が小さくなるので，1 人飛び降りたことに対する台車の速度の増加は大きくなる．

〔**5.7**〕 衝突後の質点 i ($i = 1, 2$) の x, y 方向の速度は，衝突後の質点の方向を用いて，それぞれ $v_i \cos \alpha_i$ および $v_i \sin \alpha_i$ と表せることに注意すると，衝突前後における x 方向および y 方向の運動量は保存されるので

$$mv_0 = mv_1 \cos \alpha_1 + mv_2 \cos \alpha_2, \quad 0 = mv_1 \sin \alpha_1 + mv_2 \sin \alpha_2 \tag{14}$$

を得る．この連立方程式を解くと，$\alpha_1 \neq \alpha_2$ のとき

$$v_1 = -\frac{v_0 \sin \alpha_2}{\sin(\alpha_1 - \alpha_2)}, \quad v_2 = \frac{v_0 \sin \alpha_1}{\sin(\alpha_1 - \alpha_2)} \tag{15}$$

を得る．

〔**5.8**〕 衝突によりエネルギーが保存される場合は

$$\frac{1}{2}mv_0^2 = \frac{1}{2}mv_1^2 + \frac{1}{2}mv_2^2 \tag{16}$$

より

$$\frac{\sin^2 \alpha_2 + \sin^2 \alpha_1}{\sin^2(\alpha_1 - \alpha_2)} = 1 \tag{17}$$

が成り立たなければならない．

6 章

〔**6.1**〕 重力加速度を g とすると，シーソーの支点を基準点とした場合の子供および大人に作用する重力による力のモーメントはつり合っている．大人の位置を支点から右側 x の点とし，反時計回りの力のモーメントを正とすると，つり合いは

$$3\,\mathrm{m} \times 20\,\mathrm{kg} \times g - x \times 60\,\mathrm{kg} \times g = 0 \tag{1}$$

と表される．上式より

$$x = \frac{3\,\mathrm{m} \times 20\,\mathrm{kg} \times g}{60\,\mathrm{kg} \times g} = 1\,[\mathrm{m}] \tag{2}$$

を得る．よって，大人はシーソーの支点より右側 $1\,\mathrm{m}$ の位置に乗ればよい．

[6.2] バールはシーソーと違い曲がっているが，力のモーメントのつり合いに関してはまったく同じである．したがって，バールが釘に及ぼす力を F とし，反時計回りの力のモーメントを正とすると，支点を基準点としたつり合いは

$$0.1\,\mathrm{m} \times F - 1.0\,\mathrm{m} \times 100\,\mathrm{N} = 0 \tag{3}$$

と表される．上式より

$$F = \frac{1.0\,\mathrm{m} \times 100\,\mathrm{N}}{0.1\,\mathrm{m}} = 1\,000\,[\mathrm{N}] \tag{4}$$

を得る．

[6.3] ハンドルに左手で大きさ F_1 の力，右手で大きさ F_2 の力をたがいに逆向きに作用させるとする．ハンドルの直径が $0.6\,\mathrm{m}$ であることを考慮すると，左右の手の力のハンドルの軸まわりのモーメントの合計は

$$M = \frac{0.6\,\mathrm{m}}{2} F_1 + \frac{-0.6\,\mathrm{m}}{2}(-F_2) \tag{5}$$

となる．このモーメントが $300\,\mathrm{N} \cdot \mathrm{m}$ のときハンドルを回転させることができるので，$M = 300\,[\mathrm{N} \cdot \mathrm{m}]$ より

$$F_2 = \frac{300\,\mathrm{N} \cdot \mathrm{m}}{0.3\,\mathrm{m}} - F_1 = 1\,000\,\mathrm{N} - F_1 \quad \Rightarrow \quad F_1 + F_2 = 1\,000\,[\mathrm{N}] \tag{6}$$

を得る．つまり，左右の手で加えた力の大きさの合計が $1\,000\,\mathrm{N}$ のときに，ハンドルを回すことができる．なお，左右の手から加える力はたがいに逆向きなので，ハンドルの軸には，左手で加えた力の向きに $F_1 - F_2$ の力が作用する．ハンドルの軸に力を作用させないためには，$F_1 - F_2 = 0$ でなければならず，これより $F_2 = F_1$ を得る．さらに，ハンドルを回転させるために必要な関係式 (6) に $F_2 = F_1$ を代入すると

$$F_1 + F_1 = 1\,000\,\mathrm{N} \quad \Rightarrow \quad F_1 = 500\,[\mathrm{N}] \tag{7}$$

を得る．以上から，左右の手で逆向きに $500\,\mathrm{N}$ ずつ力を加えることで，ハンドルの軸に力を加えずにハンドルを回転させることができる．

〔**6.4**〕 f_1, f_2 による点 B を回転中心とした力のモーメント N は，反時計回りを正として

$$N = \ell f_1 + 0 \times f_2 \tag{8}$$

である。$f_1 = f_2 = f$ とすると

$$N = \ell f \tag{9}$$

となり，式 (6.29) で表される点 A を回転中心とする力のモーメントと一致する。

〔**6.5**〕 二つの平行なベクトルを $\bm{f}$ および $\bm{\ell}$ とする。$\bm{f}, \bm{\ell}$ は平行なので，実数 α を用いて

$$\bm{\ell} = \alpha \bm{f} \tag{10}$$

と表すことができる。すると，$\bm{f}$ の成分を $\{f_x, f_y, f_z\}$ とするとき，$\bm{\ell}$ の成分は $\{\alpha f_x, \alpha f_y, \alpha f_z\}$ と表せる。これらの成分を式 (6.34) に代入すると，$\bm{\ell}$ と $\bm{f}$ の外積は

$$\begin{aligned}\bm{\ell} \times \bm{f} &= (\alpha f_y f_z - \alpha f_z f_y)\bm{e}_x + (\alpha f_z f_x - \alpha f_x f_z)\bm{e}_y + (\alpha f_x f_y - \alpha f_y f_x)\bm{e}_z \\ &= \bm{0}\end{aligned} \tag{11}$$

となり，ゼロベクトルとなることが確認できた。

〔**6.6**〕 図 6.19 (a) の上に凸のやじろべえを考える。図 6.19 (a) の状態は，中央の支点を回転中心としたモーメントがつり合っている。この状態からやじろべえが $\Delta \theta$ だけ反時計回りに回転した状態における支点を回転中心とした重力のモーメント $M(\Delta \theta)$ は，重力加速度を g とすると

$$M(\Delta \theta) = mg\ell \sin(\theta - \Delta \theta) - mg\ell \sin(\theta + \Delta \theta) \tag{12}$$

となる。テーラー展開

$$f(x + \Delta x) = f(x) + \sum_{i=1}^{\infty} \frac{\mathrm{d}^i f}{\mathrm{d} x^i} \frac{\Delta x^i}{i!} \simeq f(x) + \frac{\mathrm{d} f}{\mathrm{d} x} \Delta x \tag{13}$$

を sin に用いると

$$\sin(\theta \pm \Delta \theta) \simeq \sin(\theta) \pm \cos(\theta)\Delta \theta \tag{14}$$

であるので

$$\begin{aligned}M(\Delta \theta) &\simeq mg\ell(\sin \theta - \Delta \theta \cos \theta) - mg\ell(\sin \theta + \Delta \theta \cos \theta) \\ &= -2mg\ell \Delta \theta \cos \theta\end{aligned} \tag{15}$$

を得る．けっきょく，反時計回りにわずかに傾けると，重力によって時計回りのモーメントが生じ，これがもとに戻そうとする作用となるために，図 6.19 (a) のつり合いは安定である．

つぎに図 6.19 (b) の下に凸のやじろべえを考える．図 6.19 (b) の状態は，中央の支点を回転中心としたモーメントがつり合っている．この状態からやじろべえが $\Delta\theta$ だけ反時計回りに回転した状態における支点を回転中心とした重力のモーメント $M(\Delta\theta)$ は

$$M(\Delta\theta) = -mg\ell \sin(\theta - \Delta\theta) + mg\ell \sin(\theta + \Delta\theta) \tag{16}$$

となる．テーラー展開を sin に用いて

$$M(\Delta\theta) \simeq -mg\ell (\sin\theta - \Delta\theta \cos\theta) + mg\ell (\sin\theta + \Delta\theta \cos\theta)$$
$$= 2mg\ell \Delta\theta \cos\theta \tag{17}$$

を得る．図 6.19 (b) の場合，反時計回りにわずかに傾けると反時計回りのモーメントが生じ，反時計回りにさらに回転してしまうため，このつり合いは不安定である．

7 章

[**7.1**] 質点の位置を $\boldsymbol{x}$ とする．質点は原点を含む直線上を運動しているので，速度ベクトル $\boldsymbol{v}$ と位置ベクトルは平行になる．よって，$\boldsymbol{v}$ はある実数 c を用いて $\boldsymbol{v} = c\boldsymbol{x}$ と表すことができる．質点の質量を m で表すと，角運動量 $\boldsymbol{L}$ は

$$\boldsymbol{L} = \boldsymbol{x} \times m\boldsymbol{v} = \boldsymbol{x} \times mc\boldsymbol{x} \tag{1}$$

となるが，平行なベクトル同士の外積 $\boldsymbol{x} \times \boldsymbol{x}$ はゼロベクトルになるので，角運動量もゼロになる．

[**7.2**] ブランコの円周方向の速度 v は

$$v = \omega \ell \tag{2}$$

である．よって，系の角運動量 L は

$$L = \ell m v = m\omega \ell^2 \tag{3}$$

となる．

[**7.3**] [7.2] の角運動量を用いてブランコの回転の運動方程式を表すと

$$\frac{dL}{dt} = m\frac{d\omega}{dt}\ell^2 + 2m\omega\ell\frac{d\ell}{dt} = -mg\ell\sin\theta \tag{4}$$

となる。ここで、チェーンの長さ ℓ を変化させることを考えているので、ℓ は定数ではなく t の関数と考え、角運動量の時間微分を導いた。また、上式の最右辺は人間に作用する重力のモーメントである。チェーンの長さが変わらず、かつブランコの回転角 θ が十分に小さいとすると、運動方程式は

$$\frac{dL}{dt} = m\frac{d\omega}{dt}\ell^2 = -mg\ell\theta \tag{5}$$

となり、角加速度が角度に比例し、その向きが角度と逆であることから、ブランコは単振動することがわかる。話をもとに戻して、チェーンの長さが変わる場合のブランコの運動方程式 (4) を

$$\frac{d\omega}{dt}\ell = -2\omega\frac{d\ell}{dt} - mg\sin\theta \tag{6}$$

と変形してみよう。上式の右辺第 2 項は重力のモーメントであり、重力は保存力であることから、右辺第 1 項がなければ力学的エネルギーが保存され、ブランコの振幅は変わらない。右辺第 1 項によって角加速度を加速し、振幅を大きくするために、どのようなときに ℓ を変化させればよいかを考えてみよう。まず、右辺第 1 項は ω と ℓ の時間変化率に比例するので、ω が大きいときに ℓ の時間変化率を大きくすれば効率良くブランコを加速することができる。エネルギー保存則より、ω は最もブランコが低いところで最大になる。よって、ω が正のときは角加速度を正にしたいので、ℓ の変化率を負に、すなわち ℓ を短くすればよい。また、ω が負のときは角加速度を負にしたいので、このときも ℓ の変化率を負に、すなわち ℓ を短くすればよい。ℓ を短くするということは、ブランコに乗っている人間がしゃがんでいる状態から立ち上がればよいことになる。ブランコが最下点に来たときに立ち上がるためには、再び最下点に来るまでにしゃがんでおかなければならない。しゃがむということは ℓ が大きくなるということだが、式 (6) の右辺第 1 項によると、ℓ が大きくなるとき、つねに ω と逆向きの角加速度が生じ、これは減速することを意味する。これを避けるためには、ω がゼロのとき、すなわちブランコが最も振れたときにしゃがめばよい。ブランコはだれに教わるわけでもなく乗れるようになるのだが、どうやって加速して振幅を増やすことができるのかを力学的に説明すると、以上のようになる。

〔**7.4**〕 同じ運動をしている系でも、基準点が違うと角運動量も変化する。ひもに固定された質点が回転運動をするとき、ひもの他端が 1 点に固定されている場合は、固定されている点を基準点とした角運動量は保存される。この問題では、ひもが有限の大きさを持つ丸棒や角棒に巻き付いていくので、角運動量の記述には注意が必要である。図 7.5 (b) を参照して、ひもの長さが r_0 だったとき、質点の回転中心は角棒の右下の角であり、質点の速度は v_0 である。このとき、ひもの張力は、初めは角棒の右下の角と質点を結んだ方向に働く。質点が真上に来てひもが角棒の右上の角に触れ

る（ひもの長さが r_0 のとき）までは，質点の角運動量は保存され，質点の速さや角速度は変化しない．ひもが角棒の右上の角に触れたあとは，質点の回転中心は角棒の右上の角になり，ひもの張力は角棒の右上の角と質点を結んだ方向になる．ひもがつぎの角（角棒の左上の角）に触れる（ひもの長さが r_1 のとき）までは，角棒の右上の角を基準点とした質点の角運動量は保存され，質点の速さや，ひもが接触している角棒の角を基準とした質点の角速度は変化しない．しかし，角棒の右下の角を基準点とした張力のモーメントが発生するため，角棒の右下の角を基準点としたときの角運動量は変化することになる．ひもが角棒の右上の角に触れる瞬間（ひもの長さが r_0 から r_1 に変化する瞬間）において，ひもの張力は不連続に変化するが，その大きさは有限であることから，質点の速さは変化しない．以上から，ひもが巻き付いて短くなっていっても，質点の速さは初速度 v_0 のまま変化しないことがわかる．

8 章

〔**8.1**〕 式 (8.71) で定義される慣性モーメントに，与えられた条件を代入すると

$$I_{z'z'} = \int_V \rho(x^2 + y^2)\,dV = \int_0^h \int_0^{r_0} \int_0^{2\pi} r^2\,dz\,dr\,rd\theta$$
$$= \frac{\pi h r_0^4}{2} = \frac{M r_0^2}{2} \tag{1}$$

を得る．ここで，剛体の質量 $M = \pi r_0^2 h$ および $x = r\cos\theta$, $y = r\sin\theta$ なる極座標を用いれば $dV = dz\,dr\,rd\theta$ であることを利用した．θ は角度であり無次元なので，$rd\theta$ が円周方向の微小長さとなることに注意しよう．

〔**8.2**〕 剛体の回転軸である z' 軸は固定されているので，剛体の回転運動は z' 軸に垂直な面内に限定される．したがって，剛体の角速度を ω とすると，面内の回転の運動方程式 (8.34) より

$$N = I_{z'z'} \frac{d\omega}{dt} \tag{2}$$

を得る．ここで，N は剛体に作用する力のモーメントである．剛体にひもで結び付けられた質点に作用する重力は，回転軸 z' から剛体の半径だけ離れた点に作用するので

$$N = r_0 mg \tag{3}$$

である．よって，剛体の角加速度は

$$\frac{d\omega}{dt} = \frac{r_0 mg}{I_{z'z'}} \tag{4}$$

と得られる．質点の加速度 a は，回転する外周の点の加速度に等しいことから

$$a = r_0 \frac{d\omega}{dt} = \frac{r_0^2 mg}{I_{z'z'}} = \frac{2mg}{\pi h r_0^2} = \frac{2mg}{M} \tag{5}$$

となる。ここで，M は剛体の質量である。

〔**8.3**〕 まず，剛体の斜面垂直方向のつり合いを考える。剛体の質量を M とすると，剛体に作用する重力 Mg の斜面垂直方向の成分は $Mg\cos\theta$ である。一方，剛体が斜面から受ける垂直抗力 N は重力の斜面垂直方向成分とつり合っているので，$N = Mg\cos\theta$ である。

つぎに，斜面に沿った方向の剛体の運動方程式を考える。力や速度は斜面に沿って下向きを正とする。重力 Mg の斜面に沿った方向の成分は $Mg\sin\theta$ である。斜面から剛体に作用する摩擦力を f とし，剛体の斜面に沿った方向の速度を v とすると，斜面に沿った方向の運動方程式は

$$Mg\sin\theta - f = M\frac{dv}{dt} \tag{6}$$

となる。

つぎに，剛体の回転の運動方程式を考える。重力は剛体の質量中心に作用するため，回転には寄与しない。一方，斜面から剛体に作用する摩擦力の，質量中心を回転中心としたモーメントは $r_0 f$ である。したがって，剛体の回転の運動方程式は

$$r_0 f = I_{z'z'} \frac{d\omega}{dt} = \frac{M r_0^2}{2} \frac{d\omega}{dt} \tag{7}$$

である。

題意から，剛体が滑らずに斜面を転がる場合，速度と角速度は独立ではなく $r_0 \omega = v$ の関係がある。この関係を用いて，二つの運動方程式から速度と角速度を消去すると

$$Mg\sin\theta - f = M\frac{r_0^2 f}{I_{z'z'}} = M\frac{2r_0^2 f}{M r_0^2} = 2f \quad \Rightarrow \quad Mg\sin\theta = 3f \tag{8}$$

を得る。斜面から剛体に作用する摩擦力 f の最大値は摩擦係数と垂直抗力との積となるので，$f \leqq \mu N = \mu Mg\cos\theta$ である。この関係を式 (8) に代入すると

$$Mg\sin\theta \leqq 3\mu Mg\cos\theta \quad \Rightarrow \quad \mu \geqq \frac{\sin\theta}{3\cos\theta} = \frac{\tan\theta}{3} \tag{9}$$

となり，滑らずに転がる最小の摩擦係数は $\frac{\tan\theta}{3}$ であることが求められた。なお，剛体が直方体のような形状で，転がることがない場合，剛体が滑り落ちないための最小の摩擦係数は $\mu = \tan\theta$ である。

〔**8.4**〕 剛体の斜面に沿う方向の運動方程式 (6) と回転の運動方程式 (7) から f を消去すると

$$Mg\sin\theta - \frac{Mr_0}{2}\frac{d\omega}{dt} = Ma \quad \Rightarrow \quad g\sin\theta = \frac{3}{2}\frac{dv}{dt} \tag{10}$$

となり，これより，剛体は斜面方向に等加速度運動をすることがわかり，またそのときの加速度は

$$\frac{dv}{dt} = \frac{2g\sin\theta}{3} \tag{11}$$

となる．速度と角速度には $r_0\omega = v$ の関係があることから，剛体の回転に関する運動も等角加速度運動である．剛体が斜面方向に r_0 だけ変位するのに要する時間 t は

$$\frac{1}{2}\frac{dv}{dt}t^2 = r_0 \quad \Rightarrow \quad t = \sqrt{\frac{3r_0}{g\sin\theta}} \tag{12}$$

となる．よって，剛体が r_0 だけ変位したときの速度 v は

$$v = \frac{dv}{dt}t = \frac{2g\sin\theta}{3}\sqrt{\frac{3r_0}{g\sin\theta}} \tag{13}$$

となり，剛体の並進運動に関する運動エネルギーは

$$K_\mathrm{t} = \frac{1}{2}Mv^2 = \frac{2}{3}Mgr_0\sin\theta \tag{14}$$

である．

一方，速度 v に対する角速度が $\omega = \dfrac{v}{r_0}$ であることを考慮すると，剛体の回転に関する運動エネルギーは

$$K_\mathrm{r} = \frac{1}{2}I\omega^2 = \frac{1}{2}\frac{Mr_0^2}{2}\frac{v^2}{r_0^2} = \frac{1}{3}Mgr_0\sin\theta \tag{15}$$

となる．以上から，剛体の運動エネルギーは，並進の運動エネルギーと回転の運動エネルギーの和として

$$K = Mgr_0\sin\theta \tag{16}$$

となる．

つぎに，摩擦係数がゼロだった場合を考える．このときは，剛体と斜面との摩擦はないので，剛体は回転せずに滑り落ちる．斜面方向の運動方程式は，式 (6) において摩擦力を $f=0$ とおくと

$$Mg\sin\theta = M\frac{dv}{dt} \tag{17}$$

となる．剛体が r_0 だけ変位するまでの時間 t' は

$$\frac{1}{2}\frac{dv}{dt}t'^2 = r_0 \quad \Rightarrow \quad t = \sqrt{\frac{2r_0}{g\sin\theta}} \tag{18}$$

となる.このときの速度は

$$v' = g\sin\theta \sqrt{\frac{2r_0}{g\sin\theta}} \tag{19}$$

である.よって,剛体の運動エネルギーは

$$K' = Mgr_0 \sin\theta \tag{20}$$

となる.摩擦があり剛体が滑らずに斜面を転がり落ちる場合の運動エネルギー K と,摩擦がなく剛体が回転せず滑り落ちる場合の運動エネルギー K' は同じであることが結論付けられる.

また,剛体に作用する重力の斜面方向の成分は $Mg\sin\theta$ であり,この力が剛体を r_0 だけ斜面方向に変位させるときになす仕事は

$$W = Mgr_0 \sin\theta \tag{21}$$

である.この仕事は r_0 だけ変位したときの剛体の運動エネルギーに等しいことから,エネルギーが保存されていることを確認できる.摩擦がある場合でも,斜面が剛体に及ぼす摩擦力 f は,剛体が滑らずに回転する場合,仕事をしないことに注意しよう.

〔**8.5**〕 式 (4.15) に示した質点の運動エネルギーを導いた過程を逆にたどることによって,剛体の回転の運動エネルギーが,力のモーメントのなす仕事と等しいことを示そう.まず,剛体の回転の運動エネルギー $K = \frac{1}{2}I\omega^2$ を,積分を用いて

$$K = \int_0^\omega I\omega \, d\omega \tag{22}$$

と表しておく.微小角速度増分は,角加速度と微小時間の積であるので,$d\omega = \frac{d\omega}{dt}dt$ を上式に代入すると

$$K = \int_0^t I\omega \frac{d\omega}{dt} dt \tag{23}$$

を得る.積分変数が時間に変わっているので,積分範囲も剛体が角速度 ω に至るのに要した時間となっている.上式に,剛体の回転の運動方程式 $I\frac{d\omega}{dt} = N$ を代入すると

$$K = \int_0^t N\omega \, dt \tag{24}$$

となる.角速度増分と微小時間の積は微小角変位増分なので,$\omega \, dt = d\theta$ の関係を用いると,最終的に

$$K = \int_{\theta_1}^{\theta_2} N \, d\theta = W \tag{25}$$

となる．積分変数が角変位に変わっているので，積分範囲も対応する角変位に変わっている．以上から，剛体の回転の運動エネルギーと力のモーメントのなす仕事が等しいことが確認できた．

〔**8.6**〕 まず，左辺を成分で考えると

$$
\boldsymbol{a} \times (\boldsymbol{b} \times \boldsymbol{c}) = \left\{ \begin{array}{c} a_x \\ a_y \\ a_z \end{array} \right\} \times \left(\left\{ \begin{array}{c} b_x \\ b_y \\ b_z \end{array} \right\} \times \left\{ \begin{array}{c} c_x \\ c_y \\ c_z \end{array} \right\} \right)
$$

$$
= \left\{ \begin{array}{c} a_x \\ a_y \\ a_z \end{array} \right\} \times \left\{ \begin{array}{c} b_y c_z - b_z c_y \\ b_z c_x - b_x c_z \\ b_x c_y - b_y c_x \end{array} \right\}
$$

$$
= \left\{ \begin{array}{c} a_y(b_x c_y - b_y c_x) - a_z(b_z c_x - b_x c_z) \\ a_z(b_y c_z - b_z c_y) - a_x(b_x c_y - b_y c_x) \\ a_x(b_z c_x - b_x c_z) - a_y(b_y c_z - b_z c_y) \end{array} \right\} \tag{26}
$$

となる．同様に，右辺は

$$
(\boldsymbol{a} \cdot \boldsymbol{c})\boldsymbol{b} - (\boldsymbol{a} \cdot \boldsymbol{b})\boldsymbol{c}
$$

$$
= (a_x c_x + a_y c_y + a_z c_z) \left\{ \begin{array}{c} b_x \\ b_y \\ b_z \end{array} \right\} - (a_x b_x + a_y b_y + a_z b_z) \left\{ \begin{array}{c} c_x \\ c_y \\ c_z \end{array} \right\}
$$

$$
= \left\{ \begin{array}{c} a_y b_x c_y + a_z b_x c_z - a_y b_y c_x - a_z b_z c_x \\ a_x b_y c_x + a_z b_y c_z - a_x b_x c_y - a_z b_z c_y \\ a_x b_z c_x + a_y b_z c_y - a_x b_x c_z - a_y b_y c_z \end{array} \right\} \tag{27}
$$

となり，左辺と一致することから，ベクトル3重積の公式が確認できた．

索引

【あ行】

安定つり合い
　stable equilibrium　119
位　相
　phase　32, 35
位置エネルギー
　potential energy　69
運動エネルギー
　kinetic energy　66
運動方程式
　equation of motion　25
運動量
　momentum　83
運動量保存則
　law of conservation of momentum　93, 95
エネルギー保存則
　law of conservation of energy　75
遠心力
　centrifugal force　56
オイラーの運動方程式
　Euler's equation of motion　161
重み付き平均
　weighted average　38

【か】

外　力
　external force　36, 95
角運動量
　angular momentum　124
角運動量保存則
　law of conservation of angular momentum　128, 130
角加速度
　angular acceleration　146
角振動数
　angular frequency　34

角速度
　angular velocity　31, 125
角速度ベクトル
　angular velocity vector　126
角変位
　angular displacement　30, 125, 142
加速度
　acceleration　20
換算質量
　reduced mass　41
慣性系
　inertial system　44
慣性乗積
　product of inertia　156
慣性テンソル
　inertia tensor　154
慣性の法則
　law of inertia　25
慣性モーメント
　moment of inertia　144, 156
慣性モーメントテンソル
　moment of inertia tensor　154, 155
慣性力
　inertia force　51

【き～く】

基底ベクトル
　basis vector　12
逆行列
　inverse matrix　15
極座標
　polar coordinate　31
偶　力
　couple　115, 118
クロネッカーのデルタ
　Kronecker's delta　14

【こ】

向心力
　centripetal force　32
剛　体
　rigid body　100
合　力
　resultant force　9
国際単位系
　international system of units, SI　3
固有値
　eigenvalue　158
固有ベクトル
　eigenvector　158
コリオリの力
　Coriolis force　57

【さ】

歳差運動
　precession　168, 169
座標変換行列
　transformation matrix　15
作用線
　line of action　100
作用点
　point of application　100
作用・反作用の法則
　action-reaction law　27

【し】

仕　事
　work　62
質　点
　mass point, particle　2
質点系
　system of particles　36
質量中心
　center of mass　38, 139, 141

索　引

質量のモーメント
　moment of mass
　　　　　　　　　140, 146
周　期
　period　　　　　　　　34
自由度
　degree of freedom
　　　　　　　21, 100, 118
主慣性モーメント
　principal moment of
　　inertia　　　　　　　157
主　軸
　principal axis　　　　158
初期条件
　initial condition　30, 34
初期値問題
　initial value problem　30
振動数
　frequency　　　　　　34
振　幅
　amplitude　　　　　　32

【す〜そ】

垂直抗力
　normal force,
　　normal reaction　　　2
垂直反力
　normal reaction　　　　2
正規直交基底ベクトル
　orthonormal basis vector
　　　　　　　　　　　　12
線形常微分方程式
　linear ordinary differen-
　　tial equation　　　　33
速　度
　velocity　　　　　　　19

【た行】

単位行列
　identity matrix　　　15
単振動
　simple harmonic motion
　　　　　　　　32, 34, 41
弾性エネルギー
　elastic energy　　　　71
力の平行四辺形
　parallelogram of forces
　　　　　　　　　　　　10
力のモーメント
　moment of force　　102
力の3要素
　three elements of force
　　　　　　　　　　　100
中心力
　central force　　　　129
直交行列
　orthogonal matrix　　15
つり合い式
　equilibrium equation 2, 8
転置行列
　transposed matrix　　15

【な行】

内　積
　inner product　　　　13
内　力
　internal force　　36, 95
ニュートンの第1法則
　Newton's first law　　25
ニュートンの第2法則
　Newton's second law　25
ニュートンの第3法則
　Newton's third law　　28
ノルム
　norm　　　　　　　　12

【は行】

万有引力
　universal gravitation 132
反　力
　reaction　　　　　　　2
不安定つり合い
　unstable equilibrium 119
フックの法則
　Hooke's law　　　　　3
ベクトルの合成
　composition of vectors　9
変　位
　displacement　　　　19
保存力
　conservative force　　69
ポテンシャル
　potential　　　　　　69
ポテンシャルエネルギー
　potential energy　　　69
ホドグラフ
　hodograph　　　　　24

【ま行】

無次元化
　nondimensionalization
　　　　　　　　　　　182
無次元量
　dimensionless quantity
　　　　　　　　　　　　31
面積速度
　areal velocity　　　　131

【り】

力　積
　impulse　　　　　84, 85
　――のモーメント
　　moment of impulse
　　　　　　　　　　　125

―― 著者略歴 ――

1995 年 東北大学工学部土木工学科卒業
1997 年 東北大学大学院工学研究科博士前期課程修了（土木工学専攻）
1997 年 東北大学大学院工学研究科博士後期課程中退（土木工学専攻）
1997 年 東北大学助手
1998 年 宇都宮大学助手
2001 年 博士（工学）（東北大学）
2005 年 東北大学助手
2007 年 東北大学助教
2007 年 東北大学准教授
　　　　現在に至る

土木・環境系の力学
Introduction to Mechanics of Civil and Environmental Engineering
　　　　　　　　　　　　　　　　　　　　　Ⓒ Isao Saiki 2012

2012 年 8 月 31 日　初版第 1 刷発行

検印省略	著　者	斉　木　　　功 (さいき いさお)
	発行者	株式会社　コロナ社
		代表者　牛来真也
印刷所	三美印刷株式会社	

112-0011　東京都文京区千石 4-46-10

発行所　株式会社　コロナ社
CORONA PUBLISHING CO., LTD.
Tokyo Japan
振替 00140-8-14844・電話(03)3941-3131(代)
ホームページ http://www.coronasha.co.jp

ISBN 978-4-339-05601-3　（新宅）　（製本：愛千製本所）G
Printed in Japan

本書のコピー，スキャン，デジタル化等の無断複製・転載は著作権法上での例外を除き禁じられております。購入者以外の第三者による本書の電子データ化及び電子書籍化は，いかなる場合も認めておりません。

落丁・乱丁本はお取替えいたします